Karl Gustav Jakob Jacobi, Paul Gustav Stäuckel

Über die Bildung und die Eigenschaften der Determinanten

Karl Gustav Jakob Jacobi, Paul Gustav Stäuckel

Über die Bildung und die Eigenschaften der Determinanten

ISBN/EAN: 9783743422629

Hergestellt in Europa, USA, Kanada, Australien, Japan

Cover: Foto ©berggeist007 / pixelio.de

Manufactured and distributed by brebook publishing software (www.brebook.com)

Karl Gustav Jakob Jacobi, Paul Gustav Stäuckel

Über die Bildung und die Eigenschaften der Determinanten

Ueber
die Bildung und die Eigenschaften
der
DETERMINANTEN.
(De formatione et proprietatibus Determinantium.)

Von

C. G. J. JACOBI.

(1841)

Herausgegeben

von

P. Stäckel.

LEIPZIG
VERLAG VON WILHELM ENGELMANN
1896.

Ueber die Bildung und die Eigenschaften der Determinanten.

Von

C. G. J. Jacobi,
ord. Prof. d. Math. zu Königsberg.

Journal für die reine und angewandte Mathematik. Bd. 22. S. 285—315.

1.

Die Algorithmen, die zur Lösung der litteralen linearen Gleichungen dienen, sind zwar sehr bekannt, ihre Haupteigenschaften sind indessen, meines Wissens, noch nicht so kurz dargelegt und deutlich gemacht worden, wie man das bei ihrem Nutzen für wichtige Untersuchungen der Analysis wünschen muss. Diese Eigenschaften sind nämlich zwar elementar, aber doch nicht alle in dem Maasse bekannt, dass man sie nicht zu beweisen braucht, während es sehr lästig ist, durch ihren Beweis den Gang höherer Rechnungen zu unterbrechen. Diesem Mangel will ich hier abhelfen, um so die Bequemlichkeit zu haben, in andern Abhandlungen auf die vorliegende verweisen zu können; ich beabsichtige indessen keinesweges, den Gegenstand in seiner ganzen Vollständigkeit abzuhandeln.

Am Schlusse habe ich einige Lehrsätze beigefügt, die sich auf die Methode der kleinsten Quadrate beziehen. Sie zeigen, in welcher Weise die durch diese Methode bestimmten Werthe und Gewichte der Unbekannten von den verschiedenen Werthen und Gewichten abhängen, die man für die verschiedenen Combinationen von so vielen Beobachtungen erhält, als die Anzahl der Unbekannten beträgt; was ja zu deren Bestimmung ausreicht. Sind diese Sätze auch für die praktische Rechnung ohne Nutzen, so gewähren sie doch eine tiefere Einsicht in die Natur jener Werthe und Gewichte.

2.

Vorgelegt sei das Product aus allen $\frac{1}{2}n(n+1)$ Differenzen von $n+1$ Grössen $a_0, a_1, \ldots, a_n,$

$$P = a_1 - a_0, a_2 - a_0, (a_3 - a_0) \ldots (a_n - a_0)$$
$$a_2 - a_1, a_3 - a_1, \ldots (a_n - a_1)$$
$$a_3 - a_2 \ldots (a_n - a_2)$$
$$\cdot \quad \cdot$$
$$(a_n - a_{n-1}).$$

Bei allen Permutationen der Grössen a_i kann dieses Produc seinen absoluten Werth nicht ändern, behält vielmehr denselben Werth oder nimmt den entgegengesetzten an [1].

Die Permutationen der Indices $0, 1, \ldots, n$, bei denen denselben Werth behält, (358) wollen wir **positive** nenne diejenigen, bei denen P den entgegengesetzten Werth [28 annimmt, **negative**; oder wir werden sagen, dass die erste zur positiven Classe der Permutationen, die zweit zur negativen Classe gehören.

Sind irgend zwei Permutationen vorgelegt, so giebt es ei gewisse Permutation, durch deren Anwendung die eine aus andern hervorgeht. Zwei vorgelegte Permutationen hören zu derselben Classe oder zu entgegengesetzt Classen, je nach dem die Permutation, welche eine in die andere überführt, zur positiven oder gativen Classe gehört. Denn es möge P durch drei] mutationen beziehungsweise in εP, $\varepsilon' P$, $\varepsilon'' P$ übergehen, $\varepsilon, \varepsilon', \varepsilon''$ den Werth $\pm$ bezeichnen; wendet man die zw Permutation nach der ersten an, so geht P nach eina in εP, $\varepsilon \cdot \varepsilon' P$ über; mithin wird, wenn die dritte Permut: dadurch entsteht, dass man die zweite nach der ersten wendet:

$$\varepsilon'' = \varepsilon \varepsilon'.$$

Je nach dem also ε' gleich $+1$ oder gleich -1 ist heisst, je nach dem die Permutation, mittelst deren ma dritte aus der ersten erhält, zur positiven oder zur neg

Ueber die Bildung und die Eigenschaften der Determinanten.

Classe gehört, gehört die erste und die dritte Permutation zu derselben oder zur entgegengesetzten Classe, und umgekehrt.

Aus dem Vorhergehenden folgt, dass Permutationen, die zu derselben Classe gehören, bei einer neuen Permutation entweder insgesammt in derselben Classe verbleiben oder insgesammt in die andere Classe übergehen; es geschieht nämlich das eine oder das andere, je nach dem die Permutation zu der positiven oder negativen Classe gehört. Werden mehrere Permutationen hinter einander angewandt, so können verschiedene Permutationen entstehen je nach der Reihenfolge, in der sie hinter einander angewandt werden. Tritt nämlich bei einer Permutation an die Stelle von 0, 1, 2 u. s. w. i_0, i_1, i_2 u. s. w. und bei einer anderen k_0, k_1, k_2 u. s. w., so wird, wenn die zweite nach der ersten angewandt wird,

$$k_{i_0}, k_{i_1}, k_{i_2} \text{ u. s. w.}$$

die Stelle von 0, 1, 2 u. s. w. einnehmen, wenn jedoch die erste nach der zweiten angewandt wird,

$$i_{k_0}, i_{k_1}, i_{k_2} \text{ u. s. w.},$$

und es braucht durchaus nicht

$$k_{i_m} = i_{k_m}$$

zu werden. Dagegen beweist man durch genau dieselbe Methode, wie bei dem vorhergehenden Lehrsatze, dass die **verschiedenen Permutationen, die je nach der verschiedenen Reihenfolge entstehen, in der mehrere Permutationen hinter einander angewandt werden, alle zu derselben Classe gehören.**

Bezeichnen i und i' irgend zwei Indices, so lässt sich das Product P so schreiben:

$$P = \pm (a_i - a_{i'}) \cdot \Pi(a_k - a_i)(a_k - a_{i'}) \cdot \Pi(a_k - a_{k'}),$$

wofern

$$\Pi(a_k - a_i)(a_k - a_{i'}), \quad \Pi(a_k - a_{k'})$$

[287] (359) die Producte aller der Factoren von P:

$$(a_k - a_i)(a_k - a_{i'}), \quad (a_k - a_{k'})$$

bezeichnen, die sich ergeben, wenn man k oder k und k' alle von i und i' verschiedenen Werthe ertheilt. Von diesen Producten ist das eine symmetrisch in Bezug auf i und i', das andere von ihnen frei, sie bleiben mithin bei Vertauschung der

Indices i und i' ungeändert. Im Gegensatze hierzu nimmt der abgesonderte Factor $a_i - a_{i'}$ in Folge der Permutation den entgegengesetzten Werth an, und mithin nimmt auch das vorgelegte Product P bei Vertauschung von je zwei Indices den entgegengesetzten Werth an. Die Vertauschung von zwei Indices ist also eine negative Permutation, und es gehen daher die positiven Permutationen, wenn abermals zwei Indices vertauscht werden, insgesammt in negative, die negativen insgesammt in positive über.

Reciprok mögen zwei Permutationen heissen, sobald die ursprüngliche Reihenfolge nicht geändert wird, wenn man die eine nach der andern anwendet. Vermöge einer Permutation möge etwa i_0, i_1, i_2 u. s. w. an die Stelle von 0, 1, 2 u. s. w. treten. Dann ist die reciproke Permutation diejenige, vermöge deren 0, 1, 2 u. s. w. an die Stelle von i_0, i_1, i_2 u. s. w. tritt. Zwei reciproke Permutationen gehören zu derselben Classe, da P unverändert bleibt, wenn man die eine nach der anderen anwendet.

3.

Um zu erkennen, ob eine vorgelegte Permutation positiv oder negativ ist, lassen sich verschiedene Regeln angeben.

Bei einer Vertauschung der Indices möge an die Stelle von

$$0, 1, 2, \ldots, n$$

beziehungsweise

$$i_0, i_1, i_2, \ldots, i_n$$

getreten sein, und man frage, ob das Product P bei dieser Permutation ungeändert bleibt oder sein Zeichen wechselt. Jeder einzelne Factor des Productes P wurde so geschrieben, dass ein Element mit einem kleineren Index von einem Elemente mit einem grösseren Index abgezogen wurde. Sind daher r und s zwei der Indices $0, 1, 2, \ldots, n$, und ist $r < s$, so ist

$$a_s - a_r$$

ein Factor von P. Dieser Factor geht bei der Permutation in

$$a_{i_s} - a_{i_r}$$

über, und diese Differenz oder die entgegengesetzte tritt in P als Factor auf, je nach dem $i_s > i_r$ oder $i_s < i_r$ ist[2]). Kommt es daher in der Reihe der Zahlen

$$i_0, i_1, i_2, \ldots, i_n$$

m Mal vor, dass man hinter einer Zahl i_r eine kleinere Zahl i_s findet, so wird eben so viele Male ein Factor des Productes P sein Zeichen wechseln, oder P geht bei der angegebenen Permutation über in

$$(-1)^m P,$$

(360) und diese Permutation ist positiv oder negativ, je nach dem m gerade oder ungerade ist.

Diese Regel hat vor langer Zeit *Cramer* gegeben, und *Laplace* hat sie bewiesen [3]).

[288] Es seien

$$i_0, i_1, i_2, \ldots, i_m$$

irgend welche Indices aus der Reihe $0, 1, 2, \ldots, n$ [4]. Betrachten wir die Permutation, durch die i_0 in i_1, i_1 in i_2 u. s. w. und zuletzt i_m in i_0 übergeführt wird. Zu derselben Permutation gelangen wir, indem wir zuerst i_0 mit i_1, darauf i_0 mit i_2 u. s. w. und zuletzt i_0 mit i_m vertauschen. Mithin ergiebt sich diese Permutation durch m-malige Vertauschung von je zwei Elementen und ist daher eine positive oder negative Permutation, je nach dem m gerade oder ungerade oder je nach dem die Anzahl der Indices $m + 1$ ungerade oder gerade ist.

Wenn durch irgend eine vorgelegte Permutation die Indices i_0 mit i_1, i_1 mit i_2, i_2 mit i_3 und allgemein i_{k-1} mit i_k vertauscht werden, so kommt man schliesslich zu einem Index i_m, der mit i_0 vertauscht wird, ohne vorher zu einem der früheren Indices zurück zu gelangen. Fände sich nämlich in der Reihe der Indices $i_0, i_1, i_2, \ldots$ ein Index i_λ, der in einen vorhergehenden Index i_k übergeht, so müsste, da durch eine jede Permutation immer nur ein einziger Index in einen gegebenen Index übergeführt wird, $i_\lambda = i_{k-1}$ sein, also auch $i_{\lambda-1} = i_{k-2}$, $i_{\lambda-2} = i_{k-3}$ und so fort, bis man $i_{\lambda-k+1} = i_0$ erhält. Mithin wird $i_{\lambda-k} = i_m$, und es geht also einem Index i_λ, der in einen vorhergehenden Index i_k verwandelt wird, immer ein Index i_m voraus, der in i_0 verwandelt wird [5]).

Falls die Indices $i_0, i_1, \ldots i_m$ nicht sämmtliche Indices $0, 1, 2, \ldots, n$ ausmachen, und durch die vorgelegte Permutation auch die übrig bleibenden Indices unter einander vertauscht werden, sei h_0 einer von ihnen. Dann hat man wieder einen Cyklus von Indices:

$$h_0, h_1, h_2, \ldots, h_l,$$

es wird nämlich durch die vorgelegte Permutation jeder Index in den unmittelbar folgenden und der letzte in den ersten verwandelt. So fahre man fort, bis alle Indices erschöpft sind. Man erkennt so, dass bei jeder beliebigen Permutation die Indices auf eine einzige ganz bestimmte Art in Cyklen angeordnet werden können, so dass jeder der Indices, die einem Cyklus angehören, durch die Permutationen in den unmittelbar folgenden und der letzte in den ersten übergeht.

Ist irgend eine Permutation vorgelegt, so ordne man nach dem Vorhergehenden die Indices $0, 1, 2, \ldots, n$ in Cyklen. Die Anzahl der Cyklen sei p, und es mögen die einzelnen Cyklen beziehungsweise von

$$a_1, a_2, a_3, \ldots, a_p$$

Indices gebildet werden, so dass

$$a_1 + a_2 + a_3 + \cdots + a_p = n + 1$$

ist. Wenn ein Cyklus nur aus einem Index besteht oder wenn von den vorhergehenden Zahlen a_1 u. s. w. (361) eine der Einheit gleich ist, so wird dieser Index nicht in einen andern und kein andrer in ihn verwandelt.

Jedem Cyklus von k Indices entspricht, wie wir gesehen haben, eine Permutation, [289] die man erhalten kann, indem man $k - 1$ Mal zwei Indices mit einander vertauscht. Mithin kann man die vorgelegte Permutation erhalten, indem man

$$a_1 + a_2 + a_3 \cdots + a_p - p = n + 1 - p$$

Mal zwei Elemente mit einander vertauscht*). Mithin ist die vorgelegte Permutation positiv oder negativ, je nach dem $n + 1 - p$ gerade oder ungerade ist, oder je nach dem der Rest, der übrig bleibt, wenn man die Anzahl der Cyklen, in welche die Indices bei der vorgelegten Permutation zerfallen, von der Anzahl der Indices abzieht, gerade oder ungerade ist.

Diese schöne Regel, um zu erkennen, ob eine vorgelegte Permutation positiv oder negativ ist, hat *Cauchy* gegeben (Éc. Pol. cah. 17, p. 41).

---

*) Man erkennt zugleich, dass die vorgelegte Permutation nicht durch eine geringere Anzahl von Vertauschungen von zwei Elementen erhalten werden kann.

Ueber die Bildung und die Eigenschaften der Determinanten. 9

4.

Gegeben seien $(n+1)^2$ Grössen

$$a_k^{(i)}.$$

bei denen die oberen Indices i und die unteren Indices k alle Werthe $0, 1, 2, \ldots, n$ annehmen. Man bilde das Product

$$a\, a_1'\, a_2'' \ldots a_n^{(n)} *.$$

Indem man entweder die oberen oder die unteren Indices auf alle möglichen Weisen mit einander vertauscht, erhält man hieraus $1.2.3\ldots(n+1)$ ähnlich gebildete Glieder. Den einzelnen Gliedern möge nun das positive oder negative Vorzeichen ertheilt werden, je nach dem die Permutationen, vermöge deren sie aus dem Gliede

$$a\, a_1'\, a_2'' \ldots a_n^{(n)}$$

erhalten werden, positiv oder negativ sind. und dann möge das Aggregat aller dieser $1.2.3\ldots(n+1)$ Ausdrücke gebildet werden, in das jeder mit seinem Vorzeichen eintritt. Dieses Aggregat werde ich durch

$$R = \Sigma \pm a\, a_1'\, a_2'' \ldots a_n^{(n)}$$

bezeichnen. Nach dem Vorgange von *Gauss* und andern werde ich ein solches Aggregat R eine **Determinante** nennen, die Grössen $a_k^{(i)}$ die **Elemente** der Determinante. und da jedes Glied von R das Product von $n+1$ Elementen ist, werde ich R als eine **Determinante** $(n+1)$-**ten Grades** bezeichnen[b]).

Jedes Glied der Determinante R:

$$a_k\, a_{k'}'\, a_{k''}'' \ldots a_{k^{(n)}}^{(n)}$$

[290] (362) erhält man aus dem Gliede $a_0''\, a_1'\, a_2'' \ldots a_n^{(n)}$ auf doppelte Art, indem man entweder an die Stelle der unteren Indices $0, 1, 2, \ldots, n$ beziehungsweise $k, k', k'', \ldots, k^{(n)}$ oder indem man $0, 1, 2, \ldots, n$ an die Stelle der oberen Indices

---

* Im Allgemeinen schreibe ich den Index 0 nicht hin, sodass $a^{(i)}$, a_k, a an die Stelle von $a_0^{(i)}$, $a_0^{(i)}$, $a_0^{(0)}$ tritt, oder dass man sagt, die Grössen $a^{(i)}$, a_k, a seien beziehungsweise mit dem oberen oder dem unteren oder dem doppelten Index 0) behaftet.

$k, k', k'', \ldots, k^{(n)}$ setzt. Diese Permutationen sind reciprok und gehören daher zu derselben Classe; mithin erhalten die Glieder der Determinante dieselben Vorzeichen, mag man die Bestimmung über die Vorzeichen bei den Vertauschungen der unteren oder der oberen Indices anwenden. Macht man eine neue Permutation, so bleiben die Permutationen einer und derselben Classe entweder insgesammt in dieser Classe oder gehen insgesammt in die entgegengesetzte Classe über. Hieraus folgt, dass die Determinante bei irgend einer Permutation der oberen oder unteren Indices entweder unverändert bleibt oder den entgegengesetzten Werth annimmt. Da ferner bei der Permutation von zwei Indices die Permutationen von der positiven zur negativen Classe und von der negativen zur positiven übergehen, so folgt, dass die Determinante den entgegengesetzten Werth annimmt, wenn man irgend zwei obere oder untere Indices vertauscht.

Das ist eine sehr wichtige, charakteristische Eigenschaft der Determinante[7]. Aus ihr ergiebt sich der weitere fundamentale Satz, dass eine Determinante verschwindet, sobald zwei obere oder untere Indices gleich gross ausfallen; wobei wir der Kürze wegen Indices einander gleich nennen, wofern die mit ihnen behafteten Grössen gleich sind. Wenn nämlich zwei Indices einander gleich sind, wird durch ihre Vertauschung nichts geändert, und da die Determinante bei dieser Permutation nach ihrer charakteristischen Eigenschaft den entgegengesetzten Werth annimmt, so muss $R = -R$ oder $R = 0$ werden.

5.

Wir führen einige besondere Fälle an, in denen Determinanten eine einfache Gestalt annehmen oder sogar auf ein einziges Glied zurückkommen.

Wir schreiben die Determinante R in der Form:

(1) $$R = \Sigma \pm a\, a'_1 \ldots a_m^{(m)} a_{m+1}^{(m+1)} \ldots a_n^{(n)},$$

wo $m < n$ ist, und nehmen an, dass für alle Werthe

$$0, 1, 2, \ldots, m-1$$

von i:

(2) $$a_i^{(m)} = a_i^{(m+1)} = \cdots = a_i^{(n)} = 0$$

Ueber die Bildung und die Eigenschaften der Determinanten.

ist. Lässt man aus der Determinante die verschwindenden Glieder fort, so bleiben nur diejenigen Glieder

$$\pm a_i a'_{i'} \ldots a^{(m)}_{i^{(m)}} \ldots a^{(n)}_{i^{(n)}}$$

übrig, in denen die unteren Indices

$$i^{(m)}, i^{(m+1)}, \ldots, i^{(n)},$$

[291] (363) abgesehen von der Reihenfolge, mit den Zahlen

$$m, m+1, \ldots, n$$

übereinstimmen. Denn wäre auch nur ein einziger der Indices $i^{(m)}, i^{(m+1)}$ u. s. w. gleich einer der Zahlen $0, 1, 2, \ldots, m-1$, so würde das betreffende Glied in Folge unserer Voraussetzung verschwinden. Hieraus folgt, weil bei jedem Gliede der Determinante die unteren Indices alle von einander verschieden sein müssen, dass die übrigen unteren Indices

$$i, i', i'', \ldots, i^{(m-1)},$$

abgesehen von der Reihenfolge, mit den Zahlen

$$0, 1, 2, \ldots, m-1$$

übereinstimmen und die Werthe $m, m+1$ u. s. w. nicht annehmen. Infolgedessen erhält man sämmtliche Glieder der Determinante aus dem einen

$$\pm a a'_1 a''_2 \ldots a^{(m-1)}_{m-1} \cdot \pm a^{(m)}_m a^{(m+1)}_{m+1} \ldots a^{(n)}_n,$$

wenn man die Indices

$$0, 1, 2, \ldots, m-1$$

und die Indices

$$m, m+1, m+2, \ldots, n$$

für sich permutirt; dabei sind die zweideutigen Vorzeichen $\pm$ so zu bestimmen, dass Glieder, die durch die Vertauschung zweier Indices in einander übergehen, entgegengesetzte Zeichen bekommen. Mithin wird

(3) $\quad R = \Sigma \pm a a'_1 \ldots a^{(m-1)}_{m-1} \cdot \Sigma \pm a^{(m)}_m a^{(m+1)}_{m+1} \ldots a^{(n)}_n,$

oder man hat den Lehrsatz:

I. So oft für die Werthe $0, 1, 2, \ldots, m-1$ des Index k die Elemente $a^{(m)}_k, a^{(m+1)}_k, \ldots, a^{(n)}_k$ verschwinden, geht die Determinante

$$\Sigma \pm a a'_1 a''_2 \ldots a^{(n}_n$$

über in das Product aus zwei Determinanten:
$$\Sigma \pm a\, a_1' \ldots a_{m-1}^{(m-1)} \cdot \Sigma \pm a_m^{(m)} a_{m+1}^{(m+1)} \ldots a_n^{(n)}.$$

Genau derselbe Lehrsatz gilt, wenn für die Werthe $0, 1, 2, \ldots$, $m-1$ des Index i die Elemente $a_m^{(i)}, a_{m+1}^{(i)}, \ldots, a_n^{(i)}$ verschwinden. Wenn bei dem vorhergehenden Lehrsatze auch noch für die Werthe $0, 1, \ldots, l-1$ des Index i die Elemente $a_i^{(l)}, a_i^{(l+1)}, \ldots, a_i^{(m)}$ verschwinden, so wird die Determinante R ein Product aus drei Determinanten und so weiter.

Der einfachste Fall des vorhergehenden Lehrsatzes besteht darin, dass die Elemente, die mit einem bestimmten oberen Index behaftet sind, für alle unteren Indices mit Ausnahme eines einzigen verschwinden, denn in diesem Falle geht die eine der beiden Determinanten, deren Product R ist, [292] (364) in ein einfaches Element über. Es sei nämlich:
$$a^{(n)} = a_1^{(n)} = \cdots = a_{n-1}^{(n)} = 0.$$

Dann wird:

(4) $\quad \Sigma \pm a\, a_1' a_2'' \ldots a_{n-1}^{(n-1)} a_n^{(n)} = a_n^{(n)} \Sigma \pm a\, a_1' \ldots a_{n-1}^{(n-1)}.$

Ist auch noch
$$a^{(n-1)} = a_1^{(n-1)} = \cdots = a_{n-2}^{(n-1)} = 0,$$
so folgt durch dieselbe Schlussweise aus (4):
$$\Sigma \pm a\, a_1' a_2'' \ldots a_n^{(n)} = a_{n-1}^{(n-1)} a_n^{(n)} \cdot \Sigma \pm a\, a_1' \ldots a_{n-2}^{(n-2)}.$$

So fortfahrend gewinnen wir den folgenden Lehrsatz:

II. Verschwinden alle Elemente
$$a_k^{(m)}, \quad a_k^{(m+1)}, \quad \ldots, \quad a_k^{(n)},$$
in denen der untere Index k beziehungsweise kleiner als der obere Index m, $m+1, \ldots, n$ ist, so wird
$$\Sigma \pm a\, a_1' a_2'' \ldots a_n^{(n)} = a_m^{(m)} a_{m+1}^{(m+1)} \ldots a_n^{(n)} \cdot \Sigma \pm a\, a_1' \ldots a_{m-1}^{(m-1)}.$$

Hieraus folgt, wenn man $m = 1$ setzt:

III. Verschwinden alle Elemente, bei denen der untere Index kleiner als der obere Index ist, so besteht die Determinante nur aus einem einzigen Gliede, oder es ist
$$\Sigma \pm a\, a_1' a_2'' \ldots a_n^{(n)} = a\, a_1' a_2'' \ldots a_n^{(n)}.$$

Ueber die Bildung und die Eigenschaften der Determinanten.

Aus dem Lehrsatze II folgt das Corollar:

IV. Verschwinden alle Elemente
$$a_k^{(m)}, \ a_k^{(m+1)}, \ \ldots, \ a_k^{(n)},$$
bei denen die unteren Indices kleiner als die oberen sind, und ist ausserdem
$$a_m^{(m)} = a_{m+1}^{(m+1)} = \cdots = a_n^{(n)} = 1.$$
so wird
$$\Sigma \pm a\, a_1' a_2'' \ldots a_n^{(n)} = \Sigma \pm a\, a_1' \ldots a_{m-1}^{(m-1)}.$$

Dieser Lehrsatz zeigt, dass eine jede Determinante niedrigeren Grades als ein besonderer Fall einer Determinante höheren Grades angesehen werden kann.

6.

Wir wollen mit
$$a_g^{(f)} A_g^{(f)}$$
das Aggregat aller der Glieder der Determinante R bezeichnen, die mit der Grösse $a_g^{(f)}$ (365) multiplicirt sind. In jedem Gliede von R:
$$\pm a_k \, a_{k'}' \, a_{k''}'' \ldots a_{k^{(n)}}^{(n)}$$

[293 sind die oberen wie die unteren Indices der Elemente a_k, $a_{k'}'$ u. s. w. alle von einander verschieden. Mithin können in den Gliedern des Aggregates $A_g^{(f)}$ niemals Grössen $a_k^{(i)}$ auftreten, bei denen der obere Index den Werth f oder der untere Index den Werth g hat. Da ferner in jedem Gliede von R bloss ein Element vorkommt und nicht mehr, das den gegebenen oberen Index i besitzt, und ebenso nur ein Element und nicht mehr, das den gegebenen unteren Index k besitzt, so folgt, dass die einzelnen Glieder der Determinante R nur durch eins der Elemente $a^{(i)}$, $a_1^{(i)}$, ..., $a_n^{(i)}$ und nicht gleichzeitig durch mehrere dieser Elemente theilbar sind, und dass sie ebenso nur durch eins der Elemente a_k, a_k', ..., $a_k^{(n)}$ und nicht gleichzeitig durch mehrere dieser Elemente theilbar sind.
Nun hiessen
$$a^{(i)} A^{(i)}, \ a_1^{(i)} A_1^{(i)}, \ \ldots, \ a_n^{(i)} A_n^{(i)}$$

die Aggregate der Glieder der Determinante R. die beziehungsweise mit $a^{(i)}, a_1^{(i)} \ldots a_n^{(i)}$ multiplicirt waren. Mithin muss

$$1) \quad R = a^{(i)} A^{(i)} + a_1^{(i)} A_1^{(i)} + \cdots + a_n^{(i)} A_n^{(i)}$$

werden. Ferner waren

$$a_k A_k. \; a_k' A_k', \ldots, a_k^{(n)} A_k^{(n)}$$

die Aggregate der Glieder der Determinante R, die beziehungsweise mit $a_k, a_k' \ldots, a_k^{(n)}$ multiplicirt sind. Mithin muss

$$(2) \quad R = a_k A_k + a_k' A_k' + \cdots + a_k^{(n)} A_k^{(n)}$$

werden. Legt man dem Index i oder k die Werthe $0, 1, 2, \ldots n$ bei, so erhält man aus jeder der Formeln (1) und (2) $n+1$ verschiedene Darstellungen der Determinante R.

Die Determinante R ist in Bezug auf die einzelnen Grössen $a_k^{(i)}$ ein linearer Ausdruck, und wir haben den Coefficienten, mit dem $a_k^{(i)}$ in der Determinante R behaftet ist, $A_k^{(i)}$ genannt. Man kann mithin $A_k^{(i)}$ mittelst der Bezeichnungen der Differentialrechnung durch die Formel:

$$(3) \quad A_k^{(i)} = \frac{\partial R}{\partial a_k^{(i)}}$$

darstellen. Wenn daher die Grössen $a_k^{(i)}$ um die unendlich kleinen Grössen

$$d a_k^{(i)}$$

vermehrt werden, und gleichzeitig R um dR wächst, so wird

$$(4) \quad dR = \Sigma \, A_k^{(i)} d a_k^{(i)},$$

(366) wofern unter dem Summenzeichen jeder der beiden Indices i und k die Werthe $0, 1, 2, \ldots, n$ durchläuft.

Da R in $-R$ übergeht, wenn man zwei obere Indices i und i' vertauscht, so folgt, dass das Aggregat der Glieder von R, die mit $a_k^{(i)}$ multiplicirt sind, $a_k^{(i)} A_k^{(i)}$, [294] durch diese Vertauschung in das Aggregat der Glieder von $-R$ übergeht, die mit $a_k^{(i')}$ multiplicirt sind, das heisst in $-a_k^{(i')} A_k^{(i')}$. Hieraus folgt, dass, wenn man i' an die Stelle von i setzt, $A_k^{(i)}$ in $-A_k^{(i')}$ übergeht; auf dieselbe Art lässt sich beweisen, dass, wenn man k' an die Stelle von k setzt,

Ueber die Bildung und die Eigenschaften der Determinanten. 15

$A_k^{(i)}$ in $-A_{k'}^{(i)}$ übergeht. Hieraus folgt weiter, dass, wenn man i' an die Stelle von i, k' an die Stelle von k setzt, wofern nur i und i', k und k' von einander verschieden sind, $A_k^{(i)}$ in $A_{k'}^{(i')}$ übergeht.

Man erhält $a_i^{(i)} A_i^{(i)}$, wenn in dem Gliede

$$\pm a a_1' a_2'' \ldots a_i^{(i)} \ldots a_n^{(n)}$$

das Element $a_i^{(i)}$ unverändert bleibt, während die oberen oder unteren Indices der übrigen Elemente permutirt werden. Mithin ist:

$$A_i^{(i)} = \Sigma \pm a a_1' \ldots a_{i-1}^{(i-1)} a_{i+1}^{(i+1)} \ldots a_n^{(n)}.$$

Hieraus ergiebt sich $A_k^{(i)}$, indem man i an die Stelle des unteren Index k setzt und das Vorzeichen ändert. Es wird also

$$A_k^{(i)} = -\Sigma \pm a a_1' \ldots a_{i-1}^{(i-1)} a_{i+1}^{(i+1)} \ldots a_{k-1}^{(k-1)} a_i^{(k)} a_{k+1}^{(k+1)} \ldots a_n^{(n)}.$$

Sind i und k von 0 verschieden, so erhält man $A_k^{(i)}$ auch aus

$$A = \Sigma \pm a_1' a_2'' \ldots a_n^{(n)},$$

indem man 0 an die Stelle des oberen Index i und des unteren Index k setzt.

Vertauscht man die oberen Indices mit den unteren, so bleibt die Determinante R ungeändert, denn die Glieder, die mit $a_k^{(i)}$ multiplicirt sind, $a_k^{(i)} A_k^{(i)}$, gehen in die Glieder über, die mit $a_i^{(k)}$ multiplicirt sind, $a_i^{(k)} A_i^{(k)}$. Vertauscht man also bei den Grössen $a_k^{(i)}$ die unteren Indices mit den oberen, so gehen die Grössen $A_k^{(i)}$ in $A_i^{(k)}$ über, oder es werden auch bei den Grössen $A_k^{(i)}$ die unteren Indices mit den oberen vertauscht.

Hieraus folgt auch, dass, so oft für alle Indices

$$a_k^{(i)} = a_i^{(k)}$$

ist, auch

$$A_k^{(i)} = A_i^{(k)}$$

wird. Denn vertauscht man die oberen Indices aller $a_k^{(i)}$ mit den unteren, so wird $A_k^{(i)}$ nicht geändert, da für seine Elemente gleich grosse eingesetzt werden. Wir haben aber gesehen, dass bei dieser Vertauschung $A_k^{(i)}$ in $A_i^{(k)}$ übergeht, mithin müssen beide gleich gross ausfallen.

367) Setzt man fest, dass für zwei gegebene Indices i und i'':

(5) $\qquad a^{(i)} = a^{(i'')}, \quad a_1^{(i)} = a_1^{(i'')}, \quad \ldots, \quad a_n^{(i)} = a_n^{(i'')}$

wird, so verschwindet wegen ihrer fundamentalen Eigenschaft der Werth der Determinante R. Hieraus erschliessen wir, indem wir die Determinante R durch die Formel (1) darstellen und (5) einsetzen:

(6) $\qquad 0 = a^{(i'')} A^{(i)} + a_1^{(i'')} A_1^{(i)} + \cdots + a_n^{(i'')} A_n^{(i)}$.

295] Diese Gleichung ergab sich unter der Voraussetzung, dass die Grössen $a_k^{(i'')}$ beziehungsweise den Grössen $a_k^{(i)}$ gleich seien. Da aber die Grössen $a^{(i)}, a_1^{(i)}, a_2^{(i)}, \ldots a_n^{(i)}$ *) in den Ausdruck auf der rechten Seite der Gleichung (6) gar nicht eintreten, so muss die Gleichung 6) identisch bestehen.

Bezeichnet ferner k' einen von k verschiedenen Index, so findet man ebenso, dass unter der Annahme

(7) $\qquad a_k = a_{k'}, \quad a_k' = a_{k'}', \quad \ldots, \quad a_k^{(n)} = a_{k'}^{(n)}$

die Identität besteht:

(8) $\qquad 0 = a_{k'} A_k + a_{k'}' A_k' + \cdots + a_{k'}^{(n)} A_k^{(n)}$.

Substituirt man die Formeln (3), so kann man die soeben gefundenen Formeln 1), (2), (6), (8) auch so schreiben:

(9) $\begin{cases} R = a^{(i)} \dfrac{\partial R}{\partial a^{(i)}} + a_1^{(i)} \dfrac{\partial R}{\partial a_1^{(i)}} + \cdots + a_n^{(i)} \dfrac{\partial R}{\partial a_n^{(i)}}, \\[6pt] = a_k \dfrac{\partial R}{\partial a_k} + a_k' \dfrac{\partial R}{\partial a_k'} + \cdots + a_k^{(n)} \dfrac{\partial R}{\partial a_k^{(n)}}, \end{cases}$

(10) $\begin{cases} 0 = a^{(i'')} \dfrac{\partial R}{\partial a^{(i)}} + a_1^{(i'')} \dfrac{\partial R}{\partial a_1^{(i)}} + \cdots + a_n^{(i'')} \dfrac{\partial R}{\partial a_n^{(i)}}, \\[6pt] 0 = a_{k'} \dfrac{\partial R}{\partial a_k} + a_{k'}' \dfrac{\partial R}{\partial a_k'} + \cdots + a_{k'}^{(n)} \dfrac{\partial R}{\partial a_k^{(n)}}. \end{cases}$

Das sind partielle Differentialgleichungen, denen die Determinante R genügt.

Ueber die Bildung und die Eigenschaften der Determinanten. 17

7.

Mittelst der Formeln, die wir in dem vorhergehenden Paragraphen entwickelt haben, lässt sich die Theorie der algebraischen Lösung der linearen Gleichungen mit Leichtigkeit erledigen.

Vorgelegt seien die linearen Gleichungen:

[296']

(1) $\begin{cases} u = at + a_1 t_1 + \cdots + a_n t_n, \\ u_1 = a't + a'_1 t_1 + \cdots + a'_n t_n, \\ \cdots \\ u_n = a^{(n)} t + a_1^{(n)} t_1 + \cdots + a_n^{(n)} t_n. \end{cases}$

Um die Unbekannte t_k zu ermitteln, multiplicire man die vorgelegten Gleichungen beziehungsweise mit $A_k, A'_k, \ldots A_k^{(n)}$ (368) und bilde, nachdem man die Multiplication ausgeführt hat, die Summe. In dieser Summe verschwinden nach Gleichung (8) des vorhergehenden Paragraphen die Coefficienten von $t, t_1, \ldots, t_n$ mit Ausnahme des Coefficienten gerade von t_k, der nach Gleichung (2) des vorhergehenden Paragraphen gleich der Determinante R wird. Es ergiebt sich also:

(2) $\qquad R t_k = A_k u + A'_k u_1 + \cdots + A_k^{(n)} u_n.$

Werden in dieser Formel dem Index k die Werthe 0. 1 2, ..., n beigelegt, so gewinnen wir folgendes System von Gleichungen, das die Werthe der Unbekannten liefert:

(3) $\begin{cases} R t = A u + A' u_1 + \cdots + A^{(n)} u_n, \\ R t_1 = A_1 u + A'_1 u_1 + \cdots + A_1^{(n)} u_n, \\ \cdots \\ R t_n = A_n u + A'_n u_1 + \cdots + A_n^{(n)} u_n. \end{cases}$

Sind die linearen Gleichungen

(4) $\begin{cases} s = ar + a' r_1 + \cdots + a^{(n)} r_n, \\ s_1 = a_1 r + a'_1 r_1 + \cdots + a_1^{(n)} r_n, \\ \cdots \\ s_n = a_n r + a'_n r_1 + \cdots + a_n^{(n)} r_n \end{cases}$

vorgelegt, so gewinnen wir auf dieselbe Art unter Benutzung der Gleichungen (6) und (1) des vorhergehenden Paragraphen:

$$(5) \begin{cases} Rr = As + A_1 s_1 + \cdots + A_n s_n, \\ Rr_1 = A's + A'_1 s_1 + \cdots + A'_n s_n, \\ \vdots \\ Rr_n = A^{(n)} s + A_1^{(n)} s_1 + \cdots + A_n^{(n)} s_n. \end{cases}$$

Vertauscht man die oberen Indices der Elemente $a_k^{(i)}$ mit den unteren, so gehen die Gleichungen (1) und (4) in einander über, und da gleichzeitig auch die oberen Indices der Grössen $A_k^{(i)}$ mit den unteren vertauscht werden, während die Determinante R unverändert bleibt, so müssen gleichzeitig die Gleichungen (3) in (5) übergehen. Mithin kann man das eine Gleichungssystem aus dem andern ableiten. Man gelangt jedoch zu dieser Einsicht auch, ohne die Art zu kennen, in der die Grössen R und $A_k^{(i)}$ aus den Elementen $a_k^{(i)}$ zusammengesetzt sind, wenn man nur beachtet, dass aus (1) und (4) folgt:

$$(6) \quad ur + u_1 r_1 + \cdots + u_n r_n = ts + t_1 s_1 + \cdots + t_n s_n,$$

und wenn man in dieser Gleichung für t, t_1 u. s. w. ihre Werthe aus (3) einsetzt.

Wir werden sagen, dass die Determinante R zu den Gleichungen (1) und (4) gehört oder dass sie die Determinante dieser Gleichungen ist.

Die Gleichungen (6) des vorhergehenden Paragraphen lehren: Sind n Gleichungen:

$$(7) \begin{cases} 0 = at + a_1 t_1 + \cdots + a_n t_n, \\ 0 = a't + a'_1 t_1 + \cdots + a'_n t_n, \\ \vdots \\ 0 = a^{(n)} t + a_1^{(n)} t_1 + \cdots + a_n^{(n)} t_n \end{cases}$$

(369) vorgelegt, bei denen dem Buchstaben a der obere Index i nicht beigelegt wird, so erhält man

$$(8) \qquad t : t_1 : \ldots : t_n = A^{(i)} : A_1^{(i)} : \ldots : A_n^{(i)},$$

es sei denn, dass t, t_1, $\ldots$, t_n sämmtlich zu gleicher Zeit verschwinden. Damit auch die Gleichung

Ueber die Bildung und die Eigenschaften der Determinanten.

$$0 = a^{(i)} t + a_1^{(i)} t_1 + \cdots + a_n^{(i)} t_n$$

[297] besteht oder damit in (1) die Grössen u, u_1 u. s. w. alle zu gleicher Zeit verschwinden können, muss nach Gleichung (1) des vorhergehenden Paragraphen

(9) $\quad R = 0$

werden.

Auf dieselbe Art erkennt man, dass die Determinante R verschwindet, wenn es $n+1$ Grössen $r, r_1, \ldots, r_n$ giebt, die nicht alle zu gleicher Zeit verschwinden und die so beschaffen sind, dass die $n+1$ Gleichungen:

(10) $\quad \begin{cases} 0 = ar + a'r_1 + \cdots + a^{(n)}r_n, \\ 0 = a_1 r + a_1' r_1 + \cdots + a_1^{(n)} r_n, \\ \quad \cdot \quad\quad \cdot \quad\quad\quad\quad\quad \cdot \\ 0 = a_n r + a_n' r_1 + \cdots + a_n^{(n)} r_n \end{cases}$

gleichzeitig bestehen. Multiplicirt man nämlich die vorstehenden Gleichungen mit $A^{(i)}, A_1^{(i)}, \ldots, A_n^{(i)}$ und addirt, so findet man mit Hülfe der Gleichungen (1) und (6) des vorhergehenden Paragraphen

$$0 = r_i R,$$

und da nach der Voraussetzung mindestens eine Grösse r_i nicht verschwindet, so zeigt diese Gleichung, dass die Determinante R verschwindet. So oft also die Gleichungen (7) oder (10) bestehen, und ihre Determinante R nicht verschwindet, müssen immer die Unbekannten $t, t_1, \ldots, t_n$ oder $r, r_1, \ldots, r_n$ sämmtlich zu gleicher Zeit verschwinden.

Wie auch die vorgelegten linearen Gleichungen (1) beschaffen sein mögen, immer folgen aus ihnen die Gleichungen (3) ohne jede Ausnahme. Die Werthe der Unbekannten sind durch die Gleichungen (3) vollständig bestimmt, und zwar endliche Grössen, wenn nicht etwa die Determinante verschwindet. Verschwindet aber die Determinante, dann werden die Unbekannten entweder unendlich gross oder bleiben unbestimmt. Wenn nämlich die rechten Seiten der Gleichungen (3) gleichzeitig mit der Determinante verschwinden, nehmen die Werthe der Unbekannten die unbestimmte Form

$$\frac{0}{0}$$

an. Dieser Umstand giebt Veranlassung zu verschiedenen weiteren Untersuchungen. Zwischen den unendlich grossen oder unbestimmten Grössen können nämlich Beziehungen verschiedener Art stattfinden, und es können daher bei verschwindender Determinante verschiedene Möglichkeiten eintreten. Man müsste nun Kriterien ermitteln, die den einzelnen Fällen eigenthümlich sind. Ich werde ein Beispiel aus der Geometrie anführen.

‚370‚ Ist eine Oberfläche zweiten Grades vorgelegt, so werden die Coordinaten des Mittelpunktes durch drei lineare Gleichungen gegeben. Wenn die Determinante dieser Gleichungen nicht verschwindet, erhält man die Ellipsoide und die Hyperboloide. Man erhält die Paraboloide, wenn die Determinante verschwindet, und die Werthe der Coordinaten unendlich gross ausfallen, und zwar in der Weise, dass der Mittelpunkt, freilich im Unendlichen, auf einer gegebenen Geraden liegt. Es entsteht 298‚ ein elliptischer oder hyperbolischer Cylinder oder ein System von zwei sich schneidenden Ebenen, wenn die Determinante verschwindet, und die Coordinaten unbestimmt ausfallen, und zwar in der Weise, dass der Mittelpunkt wieder auf einer gegebenen Geraden, jedoch überall, liegt. Der Cylinder wird parabolisch, wenn der Mittelpunkt ins Unendliche rückt, und zwar in der Weise, dass er in einer gegebenen Ebene liegt.

Man hat also, wenn die Determinante verschwindet, noch eine Mannigfaltigkeit von Fällen sehr verschiedener Natur zu unterscheiden, und man müsste algebraische Kriterien für die einzelnen Fälle angeben. Das scheint jedoch für eine beliebige Anzahl linearer Gleichungen recht weitläufig zu sein.[10]

§.

Laplace hat bemerkt, dass eine jede Determinante als ein Aggregat von Producten mehrerer Determinanten niedrigerer Grade dargestellt werden kann[11]. Damit verhält es sich folgendermassen.

Man zerlege die Zahl n in mehrere andre Zahlen, zum Beispiel in vier, und vertheile dem entsprechend die Indices $0, 1, 2, \ldots, n$ auf vier Klassen. Es mögen etwa die Indices

Ueber die Bildung und die Eigenschaften der Determinanten. 21

$$0, \quad 1, \ldots, i \quad \text{die erste}$$
$$i+1, \quad i+2, \ldots, k \quad \text{die zweite}$$
$$k+1, \quad k+2, \ldots, l \quad \text{die dritte}$$
$$l+1, \quad l+2, \ldots, n \quad \text{die vierte}$$

Klasse bilden [12]). Solche Klassen mögen auf alle möglichen Arten an einander gereiht werden, ohne dass die Ordnung der Zahlen einer Klasse geändert wird, so dass also bei einer der so gebildeten Permutationen niemals ein Index vor einem kleineren Index seiner Klasse steht. Es möge

$$\alpha^{(0)}, \; \alpha^{(1)}, \; \alpha^{(2)}, \ldots \alpha^{(n)}$$

eine solche Permutation sein, und

$$S \pm \alpha^{(0)} \alpha^{(1)} \alpha^{(2)} \ldots \alpha^{(n)}$$

das Aggregat aller der Ausdrücke bezeichnen, die aus einem gegebenen Ausdrucke durch diese Permutationen hervorgehen; dabei ist das Vorzeichen $+$ oder $-$ vorzusetzen, je nach dem die Permutation positiv oder negativ ist.

Schreibt man nunmehr in den einzelnen Gliedern des Ausdruckes

$$S \pm a^{(0)}_{\alpha^0} a^{(1)}_{\alpha^1} \ldots a^{(i)}_{\alpha^i} \cdot a^{(i+1)}_{\alpha^{i+1}} a^{(i+2)}_{\alpha^{i+2}} \ldots a^{(k)}_{\alpha^k} \ldots a^{(n)}_{\alpha^n}$$

(371 statt der Factoren

$$a^{(0)}_{\alpha^0} a^{(1)}_{\alpha^1} \ldots a^{(i)}_{\alpha^i}, \qquad a^{(i+1)}_{\alpha^{i+1}} a^{(i+2)}_{\alpha^{i+2}} \ldots a^{(k)}_{\alpha^k},$$

$$a^{(k+1)}_{\alpha^{k+1}} a^{(k+2)}_{\alpha^{k+2}} \ldots a^{(l)}_{\alpha^l}, \qquad a^{(l+1)}_{\alpha^{l+1}} a^{(l+2)}_{\alpha^{l+2}} \ldots a^{(n)}_{\alpha^n}$$

die Determinanten

$$\Sigma \pm a^{(0)}_{\alpha^0} a^{(1)}_{\alpha^1} \ldots a^{(i)}_{\alpha^i}, \qquad \Sigma \pm a^{(i+1)}_{\alpha^{i+1}} a^{(i+2)}_{\alpha^{i+2}} \ldots a^{(k)}_{\alpha^k},$$

$$\Sigma \pm a^{(k+1)}_{\alpha^{k+1}} a^{(k+2)}_{\alpha^{k+2}} \ldots a^{(l)}_{\alpha^l}, \qquad \Sigma \pm a^{(l+1)}_{\alpha^{l+1}} a^{(l+2)}_{\alpha^{l+2}} \ldots a^{(n)}_{\alpha^n},$$

[299] so wird:

$$R = \Sigma \pm a\, a'_1 a''_2 \ldots a^{(n)}_n$$

$$= S \pm \left(\Sigma \pm a^{(0)}_{\alpha^0} a^{(1)}_{\alpha^1} \ldots a^{(i)}_{\alpha^i} \cdot \Sigma \pm a^{(i+1)}_{\alpha^{i+1}} a^{(i+2)}_{\alpha^{i+2}} \ldots a^{(k)}_{\alpha^k} \right.$$

$$\left. \times \Sigma \pm a^{(k+1)}_{\alpha^{k+1}} a^{(k+2)}_{\alpha^{k+2}} \ldots a^{(l)}_{\alpha^l} \cdot \Sigma \pm a^{(l+1)}_{\alpha^{l+1}} a^{(l+2)}_{\alpha^{l+2}} \ldots a^{(n)}_{\alpha^n} \right).$$

Der Beweis beruht darauf, dass man alle Permutationen erhält, wenn man die Indices zuerst so permutirt, dass die Indices der einzelnen Klassen ihre Reihenfolge beibehalten, und alsdann die Indices jeder Klasse auf alle Arten permutirt. Die Anzahl der Determinantenproducte, aus denen das Aggregat S besteht, ist:

$$\frac{1.2.3\ldots n+1}{1.2.3\ldots i+1 \,.\, 1.2.3\ldots k-i \,.\, 1.2.3\ldots l-k \,.\, 1.2.3\ldots n-l} \quad 13).$$

Durch die soeben entwickelte Formel wird die Ausrechnung einer Determinante erleichtert, sobald die Partialdeterminanten, welche die Factoren der einzelnen Producte bilden, einfache Werthe besitzen.

9.

Wir wollen die Determinanten $(n-1)$-ten Grades genauer untersuchen, aus denen durch Multiplication mit Determinanten zweiten Grades R zusammengesetzt wird.

Ist die Determinante

$$R = \Sigma \pm a\, a_1' \ldots a_n^{(n)}$$

vorgelegt, so wollen wir das Aggregat der Glieder, die mit $a_g^{(f)} a_{g'}^{(f')}$ multiplicirt sind,

(1) $\qquad a_g^{(f)} a_{g'}^{(f')} \cdot A_{g,g'}^{f,f'}$

nennen; f und f' ebenso wie g und g' dürfen beliebige von einander verschiedene Indices der Reihe $0, 1, 2, \ldots, n$ sein. In den Gliedern des Aggregates

(2) $\qquad A_{g,g'}^{f,f'}$

kommen keine Elemente mit den oberen Indices f und f' und auch keine Elemente mit den unteren Indices g und g' vor, denn ein Glied der Determinante R besitzt niemals zwei Factoren mit demselben oberen oder unteren Index. (372) Vertauscht man daher die Indices f und f' oder g und g' mit einander, so erleidet $A_{g,g'}^{f,f'}$ keine Veränderung, und es geht also der Ausdruck (1) über in

(3) $\qquad a_g^{(f')} a_{g'}^{(f)} \cdot A_{g,g'}^{f,f'}.$

Ueber die Bildung und die Eigenschaften der Determinanten. 23

Durch dieselbe Permutation wird aber R in $-R$ verwandelt, folglich ist (3 das Aggregat der Glieder von $-R$, die mit

$$a_{g}^{(f')} a_{g'}^{(f)}$$

multiplicirt sind, und es ist daher

(4) $\qquad - a_{g}^{(f')} a_{g'}^{(f)} \cdot A_{g,g'}^{f,f'}$

[300] das Aggregat der Glieder von R, die mit $a_{g}^{(f')} a_{g'}^{(f)}$ multiplicirt sind, oder

(5) $\qquad A_{g',g}^{f,f'} = A_{g,g'}^{f',f} = - A_{g,g'}^{f,f'}.$

Desbalb enthält R alle Glieder, die aus dem Producte

(6) $\qquad (a_{g}^{(f)} a_{g'}^{(f')} - a_{g'}^{(f)} a_{g}^{(f')}) A_{g,g'}^{f,f'}$

herrühren, und mit ihnen sind alle Glieder der Determinante R erschöpft, in denen zwei Elemente mit den oberen Indices f und f' die unteren Indices g und g' besitzen. Nun enthält aber jedes Glied von R zwei Elemente, von denen das eine den oberen Index f, das andere den oberen Index f' besitzt, und ebenso zwei Elemente, von denen das eine den unteren Index g, das andere den unteren Index g' besitzt, denn die Elemente eines jeden Gliedes besitzen zusammengenommen die Gesammtheit der oberen und der unteren Indices. Mithin erhält man R, wenn man alle Ausdrücke (6) summirt, in denen entweder f und f' dieselben Werthe behalten, dagegen für g und g' je zwei Indices der Reihe 0, 1, 2, ... n genommen werden, oder g und g' dieselben Werthe behalten, dagegen für f und f' je zwei Indices der Reihe 0, 1, 2, ... n eingesetzt werden. Werden daher für i, i' oder k, k' je zwei verschiedene Indices der Reihe 0, 1, 2, ... n genommen, während f, f', g, g' gegebene Indices bedeuten, so erhält man

(7) $\qquad \begin{cases} R = \Sigma \left(a_{k}^{(f)} a_{k'}^{(f')} - a_{k'}^{(f)} a_{k}^{(f')} \right) A_{k,k'}^{f,f'} \\ = \Sigma \left(a_{g}^{(i)} a_{g'}^{(i')} - a_{g'}^{(i)} a_{g}^{(i')} \right) A_{g,g'}^{i,i'}. \end{cases}$

Es ist leicht, auch die $A_{g}^{(f)}$ aus den Grössen $A_{g,g'}^{f,f'}$ zusammenzusetzen. Es war nämlich $a_{g}^{(f)} A_{g}^{(f)}$ das Aggregat der mit $a_{g}^{(f)}$ multiplicirten Glieder der Determinante, und da diese Glieder ausserdem mit einem der Elemente

$$a^{(f')}, \; a_1^{(f')}, \; a_2^{(f')}, \ldots a_n^{(f')},$$

das Element $a_g^{(f')}$ ausgenommen, oder auch mit einem der Elemente

$$a_{g'}, \; a'_{g'}, \; a''_{g'}, \ldots a_{g'}^{m},$$

373) das Element $a_{g'}^{(f)}$ ausgenommen, multiplicirt sein müssen, so erhält man:

(8) $\quad A_g^{(f)} = a^{(f')} A_{g,0}^{f,f'} + a_1^{(f')} A_{g,1}^{f,f'} + \cdots + a_n^{(f')} A_{g,n}^{f,f'}$

oder

(9) $\quad A_g^{(f)} = a_{g'} A_{g,g'}^{f,0} + a'_{g'} A_{g,g'}^{f,1} + \cdots + a_{g'}^{(n)} A_{g,g'}^{f,n},$

wo beziehungsweise die mit $a_g^{(f')}$ und $a_{g'}^{(f)}$ multiplicirten Glieder wegzulassen sind.

Bezeichnet man zur Abkürzung mit k, k' den Ausdruck

(10) $\qquad\qquad A_{k,k'}^{f,f'} = (k, k'),$

so ist

$$(k, k') = - (k', k).$$

Aus (8) erhält man, indem für g die Zahlen $0, 1, 2, \ldots, n$ gesetzt werden:

[301]

(11) $\begin{cases} A^{(f)} = \phantom{a^{(f')}(0,0)} + a_1^{(f')}(0,1) + a_2^{(f')}(0,2) + \cdots + a_n^{(f')}(0,n), \\ A_1^{(f)} = a^{(f')}(1,0) + \phantom{a_1^{(f')}(0,1)} + a_2^{(f')}(1,2) + \cdots + a_n^{(f')}(1,n), \\ A_2^{(f)} = a^{(f')}(2,0) + a_1^{(f')}(2,1) + \phantom{a_2^{(f')}(2,2)} + \cdots + a_n^{(f')}(2,n), \\ \cdots\cdots\cdots\cdots\cdots\cdots\cdots\cdots\cdots\cdots\cdots \\ A_n^{(f)} = a^{(f')}(n,0) + a_1^{(f')}(n,1) + a_2^{(f')}(n,2) + \cdots + \phantom{a_n^{(f')}} \end{cases}$

Aehnliche Formeln lassen sich aus 9) ableiten.

. In den Gleichungen (11 verschwinden die Coefficienten von $a^{(f')}$, $a_1^{(f')}$ u. s. w. in der positiven Diagonale, während je zwei symmetrisch zu der positiven Diagonale gelegene Coefficienten entgegengesetzte Werthe besitzen. Das ist eine bemerkenswerthe Art linearer Gleichungen, denen man bei verschiedenen analytischen Untersuchungen begegnet[14].

Ueber die Bildung und die Eigenschaften der Determinanten. 25

10.

Ebenso wie wir durch Differentiation von R nach den Elementen $a_g^{(f)}$ die $A_g^{(f)}$ erhielten, so erhalten wir die $A_{g,g'}^{f,f'}$, indem wir R nach den Elementen $a_g^{(f)}, a_{g'}^{(f')}$ differentiiren. Aus der Erklärung des Aggregates $A_{g,g'}^{f,f'}$ erschliessen wir nämlich die Formeln

(1) $$\begin{cases} A_{g,g'}^{f,f'} = \dfrac{\partial^2 R}{\partial a_g^{(f)} \partial a_{g'}^{(f')}} = -\dfrac{\partial^2 R}{\partial a_g^{(f')} \partial a_{g'}^{(f)}} \\ = \dfrac{\partial A_g^{(f)}}{\partial a_{g'}^{(f')}} = \dfrac{\partial A_{g'}^{(f')}}{\partial a_g^{(f)}} = -\dfrac{\partial A_g^{(f')}}{\partial a_{g'}^{(f)}} = -\dfrac{\partial A_{g'}^{(f)}}{\partial a_g^{(f')}}. \end{cases}$$

Setzt man in den Gleichungen (10) des §. 6 i'' und k'' an die Stelle von i' und k', so wird:

$$0 = a^{(i'')} \frac{\partial R}{\partial a^{(i)}} + a_1^{(i'')} \frac{\partial R}{\partial a_1^{(i)}} + \cdots + a_n^{(i'')} \frac{\partial R}{\partial a_n^{(i)}},$$

$$0 = a_{k''} \frac{\partial R}{\partial a_k} + a'_{k''} \frac{\partial R}{\partial a'_k} + \cdots + a_{k''}^{(n)} \frac{\partial R}{\partial a_k^{(n)}}.$$

(374) Diese Gleichungen wollen wir beziehungsweise nach den Elementen $a_k^{(i')}$ und $a_{k'}^{(i)}$ differentiiren. In dem Falle dass i, i', i'' und ebenso k, k', k'' von einander verschieden sind, erhalten wir:

(2) $$\begin{cases} 0 = a^{(i'')} A_{0,k}^{i,i'} + a_1^{(i'')} A_{1,k}^{i,i'} + \cdots + a_n^{(i'')} A_{n,k}^{i,i'}, \\ 0 = a_{k''} A_{k,k'}^{0,i} + a'_{k''} A_{k,k'}^{1,i} + \cdots + a_{k''}^{(n)} A_{k,k'}^{n,i}. \end{cases}$$

Wenn i'' gleich i' oder i oder k'' gleich k' oder k ist, gewinnen wir:

(3) $$\begin{cases} -A_k^{(i')} = a^{(i')} A_{0,k}^{i,i'} + a_1^{(i')} A_{1,k}^{i,i'} + \cdots + a_n^{(i')} A_{n,k}^{i,i'}, \\ -A_{k'}^{(i)} = a_{k'} A_{k,k'}^{0,i} + a'_{k'} A_{k,k'}^{1,i} + \cdots + a_{k'}^{(n)} A_{k,k'}^{n,i}. \end{cases}$$

In den Formeln (2) und (3) hat man

$$A_{k,k'}^{i,i'} = A_{k',k}^{i,i'} = 0$$

[302] zu setzen oder die Glieder fortzulassen, in denen die oberen oder die unteren Indices von $A_{k,k'}^{i,i'}$ einander gleich werden.

Multipliciren wir die folgenden Gleichungen

$$0 = a A_k + a' A_k' + \cdots + a^{(n)} A_k^{(n)},$$

$$0 = a_1 A_k + a_1' A_k' + \cdots + a_1^{(n)} A_k^{(n)},$$

$$\cdot \quad \cdot$$

$$R = a_k A_k + a_k' A_k' + \cdots + a_k^{(n)} A_k^{(n)}.$$

$$\cdot \quad \cdot \quad \quad \cdot \quad \cdot$$

$$0 = a_n A_k + a_n' A_k' + \cdots + a_n^{(n)} A_k^{(n)}$$

mit den Factoren

$$A_{0,k'}^{i,i'}, \; A_{1,k'}^{i,i'}, \; \ldots, \; A_{k,k'}^{i,i'}, \; \ldots, \; A_{n,k'}^{i,i'}$$

und summiren, so verschwinden nach (2) auf der rechten Seite alle Glieder, die mit A_k, A_k' u. s. w. multiplicirt sind, ausser denen, die mit $A_k^{(i)}$ und $A_k^{(i')}$ multiplicirt sind, und diese werden nach (3) gleich

$$A_{k'}^{(i')} A_k^{(i)} - A_{k'}^{(i)} A_k^{(i')}.$$

Mithin ergiebt sich die Formel:

(4) $$R \cdot A_{k,k'}^{i,i'} = A_k^{(i)} A_{k'}^{(i')} - A_{k'}^{(i)} A_k^{(i')}$$

oder

(5) $$R \cdot \frac{\partial^2 R}{\partial a_k^{(i)} \partial a_{k'}^{(i')}} = \frac{\partial R}{\partial a_k^{(i)}} \cdot \frac{\partial R}{\partial a_{k'}^{(i')}} - \frac{\partial R}{\partial a_{k'}^{(i)}} \cdot \frac{\partial R}{\partial a_k^{(i')}}.$$

Rechnet man die Producte aus, so wird identisch:

$$\left(A_k^{(i)} A_{k'}^{(i')} - A_{k'}^{(i)} A_k^{(i')} \right) \left(A_{k''}^{(i)} A_{k'''}^{(i')} - A_{k'''}^{(i)} A_{k''}^{(i')} \right)$$

$$+ \left(A_k^{(i)} A_{k''}^{(i')} - A_{k''}^{(i)} A_k^{(i')} \right) \left(A_{k'''}^{(i)} A_{k'}^{(i')} - A_{k'}^{(i)} A_{k'''}^{(i')} \right)$$

$$+ \left(A_k^{(i)} A_{k'''}^{(i')} - A_{k'''}^{(i)} A_k^{(i')} \right) \left(A_{k'}^{(i)} A_{k''}^{(i')} - A_{k''}^{(i)} A_{k'}^{(i')} \right) = 0.$$

Ueber die Bildung und die Eigenschaften der Determinanten. 27

(375) Setzt man hierin (4) ein und dividirt mit R, so entsteht die Formel:

(6) $\quad A_{k,k'}^{i,i'} A_{k'',k'''}^{i,i'} + A_{k,k''}^{i,i'} A_{k''',k'}^{i,i'} + A_{k,k'''}^{i,i'} A_{k',k''}^{i,i'} = 0,$

und auf ähnliche Art beweist man

(7) $\quad A_{k,k'}^{i,i'} A_{k,k'}^{i'',i'''} + A_{k,k'}^{i,i''} A_{k,k'}^{i''',i'} + A_{k,k'}^{i,i'''} A_{k,k'}^{i',i''} = 0.$

Mittelst einer anderen sehr bekannten Identität erhält man aus (4):

(S) $\quad \begin{cases} A_k^{(i)} A_{k',k''}^{i,i'} + A_{k'}^{(i)} A_{k'',k}^{i,i'} + A_{k''}^{(i)} A_{k,k'}^{i,i'} = 0. \\ A_k^{(i')} A_{k,k'}^{i'',i'''} + A_k^{(i'')} A_{k,k'}^{i''',i} + A_k^{(i''')} A_{k,k'}^{i,i'} = 0 \end{cases}$

oder

(9 $\begin{cases} \dfrac{\partial R}{\partial a_{k}^{(i)}} \cdot \dfrac{\partial^2 R}{\partial a_{k'}^{(i)} \partial a_{k''}^{(i')}} + \dfrac{\partial R}{\partial a_{k'}^{(i)}} \cdot \dfrac{\partial^2 R}{\partial a_{k''}^{(i)} \partial a_{k}^{(i')}} + \dfrac{\partial R}{\partial a_{k''}^{(i)}} \cdot \dfrac{\partial^2 R}{\partial a_{k}^{(i)} \partial a_{k'}^{(i')}} = 0, \\ \dfrac{\partial R}{\partial a_{k}^{(i')}} \cdot \dfrac{\partial^2 R}{\partial a_{k}^{(i')} \partial a_{k'}^{(i'')}} + \dfrac{\partial R}{\partial a_{k}^{(i'')}} \cdot \dfrac{\partial^2 R}{\partial a_{k}^{(i'')} \partial a_{k'}^{(i)}} + \dfrac{\partial R}{\partial a_{k}^{(i''')}} \cdot \dfrac{\partial^2 R}{\partial a_{k}^{(i)} \partial a_{k'}^{(i')}} = 0. \end{cases}$

[303] Nimmt man die Formeln (1) zu Hilfe, so erhält man aus (S):

(10) $\quad \dfrac{\partial \dfrac{A_{k'}^{i}}{A_k^{(i)}}}{\partial a_{k''}^{(i')}} = - \dfrac{A_{k''}^{(i)} A_{k,k'}^{i,i'}}{A_k^{(i)} A_k^{(i)}}, \quad \dfrac{\partial \dfrac{A_k^{(i)}}{A_k^{(i'')}}}{\partial a_{k'}^{(i'')}} = - \dfrac{A_k^{(i'')} A_{k,k'}^{i,i'}}{A_k^{(i)} A_k^{(i)}}.$

Die vorhergehenden Formeln waren *Bézout* wohlbekannt, der sie bei verschiedenen Untersuchungen benutzt hat.[15]

11.

Die Formel (4) des vorhergehenden Paragraphen gehört einem allgemeineren Systeme an. Wir sahen in §. 7, dass die Gleichungen

(1) $\quad \begin{cases} at + a_1 t_1 + \cdots + a_n t_n = u, \\ a't + a_1' t_1 + \cdots + a_n' t_n = u_1, \\ \cdots \cdots \cdots \cdots \cdots \\ a^{(n)} t + a_1^{(n)} t_1 + \cdots + a_n^{(n)} t_n = u_n \end{cases}$

zur Folge haben

(2)
$$\begin{cases} Au + A'u_1 + \cdots + A^{(n)}u_n = R.t, \\ A_1 u + A_1' u_1 + \cdots + A_1^{(n)} u_n = R.t_1, \\ \cdot \quad \cdot \quad \cdot \quad \cdot \quad \cdot \quad \cdot \\ A_n u + A_n' u_1 + \cdots + A_n^{(n)} u_n = R.t_n; \end{cases}$$

(376) in diesen Formeln war

(3) $\qquad R = \Sigma \pm a a_1' \ldots a_n^{(n)},$

$A_n^{(n)} = \Sigma \pm a a_1' \ldots a_{n-1}^{(n-1)}, \quad A = \Sigma \pm a_1' a_2'' \ldots a_n^{(n)}$ 16).

Wir wollen einmal nur die $k+1$ ersten Gleichungen (1) betrachten:

(4)
$$\begin{cases} at + a_1 t_1 + \cdots + a_k t_k + a_{k+1} t_{k+1} + \cdots + a_n t_n = u, \\ a't + a_1' t_1 + \cdots + a_k' t_k + a_{k+1}' t_{k+1} + \cdots + a_n' t_n = u_1, \\ \cdot \quad \cdot \quad \cdot \quad \cdot \quad \cdot \quad \cdot \quad \cdot \\ a^{(k)} t + a_1^{(k)} t_1 + \cdots + a_k^{(k)} t_k + a_{k+1}^{(k)} t_{k+1} + \cdots + a_n^{(k)} t_n = u_k. \end{cases}$$

Wenn man mit ihrer Hilfe $t, t_1, \ldots, t_k$ durch die übrigen Grössen t_{k+1}, t_{k+2} u. s. w. und durch $u, u_1, \ldots, u_k$ ausdrückt, so möge sich ergeben

(5) $\quad C_k t_k + C_{k+1} t_{k+1} + \cdots + C_n t_n = Du + D_1 u_1 + \cdots + D_k u_k.$

In dieser Formel ist

(6) $\quad C_k = \Sigma \pm a a_1' a_2'' \ldots a_k^{(k)}, \quad D_k = \Sigma \pm a a_1' a_2'' \ldots a_{k-1}^{(k-1)}.$

Das erkennt man, wenn man beachtet, dass die Gleichungen (4) aus den Gleichungen (1) erhalten werden, indem $n = k$ gesetzt, und an die Stelle von u_i:

$$u_i - a_{k+1}^{(i)} t_{k+1} - a_{k+2}^{(i)} t_{k+2} - \cdots - a_n^{(i)} t_n$$

gesetzt wird.

[304] Wenn man in ähnlicher Weise mittelst der $n-k+1$ letzten Gleichungen (2) die Grössen $u_k, u_{k+1}, \ldots, u_n$ durch die übrigen $u, u_1, \ldots, u_{k-1}$ und durch die Grössen $t_k, t_{k+1}, \ldots, t_n$ ausdrückt, so möge kommen:

(7) $\quad Eu + E_1 u_1 + \cdots + E_k u_k = F_k t_k + F_{k+1} t_{k+1} + \cdots + F_n t_n;$

Ueber die Bildung und die Eigenschaften der Determinanten. 29

dabei ist

(S)
$$\begin{cases} E_k = \Sigma \pm A_k^{(k)} A_{k+1}^{(k+1)} \ldots A_n^{(n)}, \\ F_k = R . \Sigma \pm A_{k+1}^{(k+1)} A_{k+2}^{(k+2)} \ldots A_n^{(n)}. \end{cases}$$

Die Gleichungen (5) und (7) müssen mit einander übereinstimmen, denn durch die vorgelegten Gleichungen (1) lässt sich t_k nur auf eine einzige Art durch $t_{k+1}, t_{k+2}, \ldots, t_n, u, u_1, \ldots, u_k$ ausdrücken. Mithin muss

$$\frac{D_k}{C_k} = \frac{E_k}{F_k}$$

oder

(9) $$\frac{\Sigma \pm a\, a_1'\, a_2'' \ldots a_{k-1}^{(k-1)}}{\Sigma \pm a\, a_1'\, a_2'' \ldots a_k^{(k)}} = \frac{\Sigma \pm A_k^{(k)} A_{k+1}^{(k+1)} \ldots A_n^{(n)}}{R . \Sigma \pm A_{k+1}^{(k+1)} A_{k+2}^{(k+2)} \ldots A_n^{(n)}}$$

werden.

Legt man in dieser allgemeinen Formel dem k die Werthe:

$$n-1,\ n-2,\ n-3,\ \ldots,\ 1$$

bei, 377) so ergiebt sich:

10)
$$\begin{cases} \dfrac{\Sigma \pm a\, a_1' \ldots a_{n-2}^{(n-2)}}{\Sigma \pm a\, a_1' \ldots a_{n-1}^{(n-1)}} = \dfrac{\Sigma \pm A_{n-1}^{(n-1)} A_n^{(n)}}{R A_n^{(n)}}, \\[1ex] \dfrac{\Sigma \pm a\, a_1' \ldots a_{n-3}^{(n-3)}}{\Sigma \pm a\, a_1' \ldots a_{n-2}^{(n-2)}} = \dfrac{\Sigma \pm A_{n-2}^{(n-2)} A_{n-1}^{(n-1)} A_n^{(n)}}{R\Sigma \pm A_{n-1}^{(n-1)} A_n^{(n)}}, \\[1ex] \cdots \cdots \cdots \cdots \cdots \cdots \\[1ex] \dfrac{a}{\Sigma \pm a a_1'} = \dfrac{\Sigma \pm A_1' A_2'' \ldots A_n^{(n)}}{R\Sigma \pm A_2'' A_3''' \ldots A_n^{(n)}}. \end{cases}$$

Die erste dieser Gleichungen zeigt, dass

$$\Sigma \pm A_{n-1}^{(n-1)} A_n^{(n)} = R\Sigma \pm a a_1' \ldots a_{n-2}^{(n-2)}\ 17) = R A_{n-1,n}^{n-1,n}$$

ist, was mit der Formel (1 des vorhergehenden Paragraphen übereinstimmt. Wenn man ferner die ersten zwei, drei, vier

u. s. w. Gleichungen (10) mit einander multiplicirt, so ergiebt sich das Formelsystem:

$$(11) \begin{cases} \Sigma \pm A_{n-1}^{(n-1)} A_n^{(n)} = R \Sigma \pm a a_1' \ldots a_{n-2}^{(n-2)}, \\ \Sigma \pm A_{n-2}^{(n-2)} A_{n-1}^{(n-1)} A_n^{(n)} = R^2 \Sigma \pm a a_1' \ldots a_{n-3}^{(n-3)}, \\ \cdot \quad \cdot \quad \cdot \quad \cdot \quad \cdot \quad \cdot \\ \Sigma \pm A_1' A_2'' \ldots A_n^{(n)} = R^{n-1} a. \end{cases}$$

Diese Formeln lassen sich in die allgemeine Formel

$$(12) \quad \Sigma \pm A_{k+1}^{(k+1)} A_{k+2}^{(k+2)} \ldots A_n^{(n)} = R^{n-k-1} \Sigma \pm a a_1' \ldots a_k^{(k)}.$$

[305] zusammenfassen. Aus ihr erhält man viele andere, wenn man die Indices

$$0, 1, 2, \ldots k, k+1, k+2, \ldots, n$$

auf alle Arten vertauscht. Wenn man zum Beispiel die letzte der Formeln (11) so darstellt:

$$\frac{\partial \Sigma \pm A A_1' A_2'' \ldots A_n^{(n)}}{\partial A} = a R^{n-1},$$

so hat man allgemein:

$$\frac{\partial \Sigma \pm A A_1' A_2'' \ldots A_n^{(n)}}{\partial A_k^{(i)}} = a_k^{(i)} R^{n-1}.$$

Setzt man

$$\Sigma \pm A A_1' \ldots A_n^{(n)} = r,$$

so wird

$$r = A \frac{\partial r}{\partial A} + A_1 \frac{\partial r}{\partial A_1} + \cdots + A_n \frac{\partial r}{\partial A_n}$$
$$= R^{n-1}(A a + A_1 a_1 + \cdots + A_n a_n),$$

oder nach §. 6:

$$(13) \quad \Sigma \pm A A_1' \ldots A_n^{(n)} = R^n,$$

und das ist eine sehr bekannte Formel[18]).

Ueber die Bildung und die Eigenschaften der Determinanten. 31

(378) 12.

Setzt man nach (3) §. 6 an die Stelle der A_k^i die Ausdrücke:

(1) $$A_k^i = \frac{\partial R}{\partial a_k^i},$$

so ergiebt sich aus den Formeln des §. 7, dass die vorgelegten linearen Gleichungen:

(2) $$\begin{cases} u = at + a_1 t_1 + \cdots + a_n t_n, \\ u_1 = a't + a_1' t_1 + \cdots + a_n' t_n, \\ \ldots \ldots \ldots \ldots \ldots \ldots \ldots \\ u_n = a^{(n)} t + a_1^{(n)} t_1 + \cdots + a_n^{(n)} t_n \end{cases}$$

die Gleichungen:

(3) $$\begin{cases} R.t = \dfrac{\partial R}{\partial a} u + \dfrac{\partial R}{\partial a'} u_1 + \cdots + \dfrac{\partial R}{\partial a^{(n)}} u_n, \\ R.t_1 = \dfrac{\partial R}{\partial a_1} u + \dfrac{\partial R}{\partial a_1'} u_1 + \cdots + \dfrac{\partial R}{\partial a_1^{(n)}} u_n, \\ \ldots \ldots \ldots \ldots \ldots \ldots \ldots \\ R.t_n = \dfrac{\partial R}{\partial a_n} u + \dfrac{\partial R}{\partial a_n'} u_1 + \cdots + \dfrac{\partial R}{\partial a_n^{(n)}} u_n \end{cases}$$

zur Folge haben.

[306] Vorgelegt seien Systeme linearer Gleichungen, bei denen die Coefficienten der Unbekannten stets dieselben sind und die sich allein durch die constanten Glieder unterscheiden. Als allgemeiner Typus solcher Gleichungen kann gelten

(4) $$\begin{cases} at + a_1 t_1 + \cdots + a_n t_n = \partial a_k, \\ a't + a_1' t_1 + \cdots + a_n' t_n = \partial a_k', \\ \ldots \ldots \ldots \ldots \ldots \ldots \ldots \\ a^{(n)} t + a_1^{(n)} t_1 + \cdots + a_n^{(n)} t_n = \partial a_k^{(n)}; \end{cases}$$

aus diesen Gleichungen mögen $n + 1$ vorgelegte Systeme erhalten werden, indem man an die Stelle von k die Indices $0, 1, 2, \ldots, n$ setzt.

Die Werthe der Unbekannten, die dem Gleichungssysteme (4) entstammen, wollen wir

$$t^{(k)}, \ t_1^{(k)}, \ \ldots, \ t_n^{(k)}$$

nennen. Dann wird nach (3):

(5) $\quad R \cdot t_k^{(k)} = \dfrac{\partial R}{\partial a_k} \delta a_k + \dfrac{\partial R}{\partial a_k'} \delta a_k' + \cdots + \dfrac{\partial R}{\partial a_k^{(n)}} \delta a_k^{(n)}$.

Wenn man mithin dem Index k sämmtliche Werthe 0. 1, 2. ..., n beilegt und dann summirt, so ergiebt sich die Formel:

6) $\quad R(t + t_1' + t_2'' + \cdots + t_n^{(n)}) = \delta R$

379) oder auch

7) $\quad t + t_1' + t_2'' + \cdots + t_n^{(n)} = \delta \log R$.

Der Ausdruck auf der linken Seite[19] vorstehender Formel ist die Summe des Werthes der ersten Unbekannten aus dem ersten Gleichungssysteme, des Werthes der zweiten Unbekannten aus dem zweiten Gleichungssysteme u. s. w. Wenn ich ferner einer Function U der Elemente $a_k^{(i)}$ das Variationszeichen $-\delta-$ vorsetze, so verstehe ich darunter die Summe

(8) $\quad \delta U = \Sigma \dfrac{\partial U}{\partial a_k^{(i)}} \delta a_k^{(i)}$,

wo die $\delta a_k^{(i)}$ beliebige Grössen bezeichnen, während die Summe über alle Werthe 0, 1, ..., n der beiden Indices oder, was dasselbe ist, über sämmtliche Elemente der Determinante zu erstrecken ist.

Machen wir die Annahme, der Typus der vorgelegten Gleichungen sei

(9) $\begin{cases} a \, t^{(k)} + a_1 t_1^{(k)} + \cdots + a_n t_n^{(k)} = \delta a_k + (0, k), \\ a' t^{(k)} + a_1' t_1^{(k)} + \cdots + a_n' t_n^{(k)} = \delta a_k' + (1, k), \\ \cdots \cdots \cdots \cdots \cdots \cdots \cdots \cdots \cdots \cdots \\ a^{(n)} t^{(k)} + a_1^{(n)} t_1^{(k)} + \cdots + a_n^{(n)} t_n^{(k)} = \delta a_k^{(n)} + (n, k); \end{cases}$

Ueber die Bildung und die Eigenschaften der Determinanten.

so verwandelt sich die Formel (5) in die folgende:

[307]
(10)
$$Rt_k^{(k)} = \frac{\partial R}{\partial a_k}\delta a_k + \frac{\partial R}{\partial a'_k}\delta a'_k + \cdots + \frac{\partial R}{\partial a_k^{(n)}}\delta a_k^{(n)}$$
$$+ \frac{\partial R}{\partial a_k}(0,k) + \frac{\partial R}{\partial a'_k}(1,k) + \cdots + \frac{\partial R}{\partial a_k^{(n)}}(n,k),$$

und es verwandelt sich daher die Gleichung (6) in die folgende:

(11) $R(t + t'_1 + t''_2 + \cdots + t_n^{(n)}) = \delta R + \Sigma \frac{\partial R}{\partial a_k^{(i)}}(i,k),$

wo die Summe auf alle Werthe 0, 1, 2, ..., n der Indices i und k zu erstrecken ist.

Wir wollen annehmen, dass zwischen den Coefficienten der vorgelegten linearen Gleichungen die Gleichungen

$$a_k^{(i)} = a_i^{(k)}$$

bestehen, sodass auch die Grössen

$$\frac{\partial R}{\partial a_k^{(i)}} = A_k^{(i)}, \quad \frac{\partial R}{\partial a_i^{(k)}} = A_i^{(k)}$$

einander gleich werden (§. 6). Wir wollen ferner voraussetzen, dass die Grössen (i, k) bei Vertauschung der Indices i und k entgegengesetzte Werthe annehmen oder dass

(12) $(k, i) = -(i, k), \quad (k, k) = 0$

ist. 380. Alsdann verschwinden in der Summe

$$\Sigma \frac{\partial R}{\partial a_k^i}(i,k)$$

die Glieder

$$\frac{\partial R}{\partial a_k^k}(k,k),$$

und die Glieder

$$\frac{\partial R}{\partial a_k^i}(i,k) + \frac{\partial R}{\partial a_i^k}(k,i)$$

zerstören einander, wenn i und k verschieden sind. Mithin verschwindet die ganze Summe

$$\Sigma \frac{\partial R}{\partial a_k^i} (i, k).$$

und wir erhalten folgenden Lehrsatz.

Lehrsatz.

»Vorgelegt sei ein System linearer Gleichungen

$$a t^k + a_1 t_1^k + \cdots + a_n t_n^k = \delta a_k + (0, k),$$
$$a' t^k + a'_1 t_1^k + \cdots + a'_n t_n^k = \delta a'_k + (1, k),$$
$$\cdots \cdots \cdots \cdots \cdots \cdots$$
$$a^{(n} t^k + a_1^n t_1^k + \cdots + a_n^n t_n^k = \delta a_k^{n} + (n, k),$$

[308] in denen

$$a_k^i = a_i^{k}$$

ist, und wo die Grössen (i, k) beliebig sind bis auf die Bedingung
$$(i, k) = - (k, i), \quad (k, k) = 0.$$

Aus dem vorgelegten Gleichungssysteme bilde man $n+1$ Systeme, indem man für k die Indices $0, 1, 2, \ldots, n$ setzt, und berechne aus dem ersten Systeme den Werth der ersten Unbekannten, aus dem zweiten den der zweiten u. s. w. Dann ist die Summe aller dieser Unbekannten gleich der Variation des Logarithmus der Determinante der vorgelegten Gleichungen oder es wird

$$t + t'_1 + t''_2 + \cdots + t_n^{(n} = \delta \log \Sigma \pm a a'_1 a''_2 \ldots a_n^{(n}.\text{«}$$

Mittelst dieses Lehrsatzes lassen sich unter Umständen schwierige Aufgaben der Analysis lösen, die auf den ersten Anblick ausserordentlich verwickelt erscheinen. Hierfür werde ich bei einer andern Gelegenheit Beispiele geben [20].

(381) 13.

Wir wollen

$$(1) \quad c_k^{ij} = S a^{i} a^k = a^i a^k + a_1^i a_1^k + \cdots + a_n^i a_n^k$$

Ueber die Bildung und die Eigenschaften der Determinanten. 35

setzen und die zu den Elementen c_k^i gehörige Determinante, die wiederum $(n+1)$-ten Grades ist, P nennen, sodass man

(2) $\qquad P = \Sigma \pm c\, c_1' c_2'' \ldots c_n^{n)}$

hat. Dann ist das Product

(3) $\quad \pm c c_1' c_2'' \ldots c_n^{n} = \pm S a a \cdot S a' a' \cdot S a'' a'' \ldots S a^n a^n$.

Dieses Product von Summen lässt sich durch eine einzige Summe darstellen:

(4) $\begin{cases} \pm c c_1' c_2'' \ldots c_n^{n} = \pm S a_m a_m \cdot a'_{m'} a'_{m'} \cdot a''_{m''} a''_{m''} \ldots a^{n}_{m^{(n)}} a^{n}_{m^{(n)}} \\ \qquad = \pm S a_m a'_{m'} \ldots a^{n}_{m^{(n)}} \cdot a_m a'_{m'} \ldots a^{n}_{m^{(n)}}, \end{cases}$

wofern man das Summationszeichen S nur auf die unteren Indices m, m' u. s. w. bezieht, denen man sämmtliche Werthe

$$0, 1, 2, \ldots, p$$

zu ertheilen hat.

Permutirt man die oberen Indices der Grössen c, so erleiden die oberen Indices der Grössen α dieselben Permutationen; permutirt man dagegen die unteren Indices der Grössen c, so erleiden die oberen Indices der Grössen a dieselben Permutationen. Aus der linken Seite der Gleichung (4) geht die Determinante P hervor, wenn man die oberen Indices

$$0, 1, 2, \ldots, n$$

von c auf alle Arten permutirt und gleichzeitig das positive oder das negative Vorzeichen vorsetzt, je nach dem die Permutation positiv [309] oder negativ ist. Deshalb erhält man P aus dem Ausdrucke

$$S \pm a_m a'_{m'} \ldots a^{n}_{m^{(n)}} \cdot a_m a'_{m'} \ldots a^{n}_{m^{(n)}},$$

wenn man die oberen Indices von a auf alle Arten permutirt und das positive oder das negative Vorzeichen vorsetzt, je nach dem die Permutation positiv oder negativ ist. Mithin wird:

(5) $\quad P = S \left(a_m a'_{m'} \ldots a^{n}_{m^{(n)}} \cdot \Sigma \pm a_m a'_{m'} \ldots a^{n}_{m^{(n)}} \right).$

Nach der Fundamentaleigenschaft der Determinanten verschwindet aber die Determinante

3*

$$\Sigma \pm a_m a'_{m'} \ldots a^{n)}_{m^{(n)}},$$

so oft von den Indices

$$m, m', \ldots, m^n.$$

irgend zwei einander gleich werden. Deshalb genügt es, in der Gleichung 5 das Zeichen S auf sämmtliche Systeme von einander verschiedener Werthe der Indices m, m' u. s. w. zu beziehen 382), die man aus der Reihe der Indices 0, 1, 2,.... p entnehmen kann.

Wir unterscheiden nunmehr drei Fälle, je nach dem $p < n$, $p = n$, $p > n$ ist.

Es sei $p < n$. Dann ist es unmöglich, den Indices m, m', ..., $m^{(n)}$, deren Anzahl $n+1$ ist, von einander verschiedene Werthe beizulegen, die gleichzeitig der Reihe der $p-1$ Indices 0, 1, 2, ..., p angehören. Deshalb verschwindet unter allen Umständen die Determinante

$$\Sigma \pm a_m a'_{m'} \ldots a^{n)}_{m^{(n)}}$$

und daher das ganze Aggregat, das durch das Zeichen S zusammengefasst wird. Deshalb erhalten wir folgenden Lehrsatz.

Lehrsatz I.

»Es sei

$$c^{(i)}_k = a^i_0 a^k_0 + a^i_1 a^k_1 + \cdots + a^i_p a^k_p.$$

So oft $p < n$ ist, verschwindet die Determinante

$$\Sigma \pm c\, c'_1 c''_2 \ldots c^n_n.\text{«}$$

Untersuchen wir jetzt den zweiten Fall, der am wichtigsten ist.

Es sei $p = n$. Die von einander verschiedenen Indices $m, m', \ldots, m^{(n)}$ hat man aus der Reihe der Indices 0, 1, 2, ..., n zu nehmen, und da ihre Anzahl beide Male dieselbe ist, so müssen die Indices m, m' u. s. w., von der Reihenfolge abgesehen, mit den Indices 0, 1, 2, ..., n übereinstimmen. Deshalb findet man P aus der Formel:

$$P = S a a'_1 \ldots a^n_n \Sigma \pm a a'_1 \ldots a^n_n;$$

hierin sind die unteren Indices 0, 1, ... auf alle Arten zu

Ueber die Bildung und die Eigenschaften der Determinanten.

permutiren, jedoch mit der Beschränkung, dass in jedem der beiden Factoren

$$a a'_1 \ldots a_n^{(n)}, \quad \Sigma \pm a a'_1 \ldots a_n^{(n)}$$

[310] dieselbe Permutation angewandt wird. Bei diesen Permutationen wird aber die Determinante

$$\Sigma \pm a a'_1 \ldots a_n^{(n)}$$

entweder gar nicht geändert, oder sie ändert nur ihr Vorzeichen, je nach dem die Permutation positiv oder negativ ist. Wir finden deshalb P, indem wir in dem Ausdrucke

$$\pm a a'_1 \ldots a_n^{(n)} . \Sigma \pm a a'_1 \ldots a_n^{(n)}$$

die unteren Indices der a [21] auf alle Arten permutiren und das positive oder negative Zeichen wählen, je nach dem die Permutation positiv oder negativ ist.

Setzen wir mithin

(6) $\quad \Sigma \pm a a'_1 \ldots a_n^{(n)} = R, \quad \Sigma \pm a a'_1 \ldots a_n^{(n)} = \mathrm{P},$

so wird

(7) $\quad\quad\quad P = \mathrm{P} R .$

Diese Formel ist der wesentliche Inhalt des folgenden, für unsere Untersuchungen fundamentalen Lehrsatzes.

[383] Lehrsatz II.

»Sind irgend zwei Determinanten desselben Grades gegeben, so lässt sich ihr Product als eine Determinante desselben Grades darstellen, deren Elemente ganze rationale Functionen der Elemente der vorgelegten Determinanten werden. Setzt man nämlich

$$c_k^{(i)} = a^{(i)} a'^{k} + a_1^{(i)} a_1'^{k} + \cdots + a_n^{(i)} a_n'^{k}$$

und

$$R = \Sigma \pm a a'_1 \ldots a_n^{(n)}, \ \mathrm{P} = \Sigma \pm a a'_1 \ldots a_n^{(n)}, \ P = \Sigma \pm c c'_1 \ldots c_n^{(n)},$$

so wird

$$P = \mathrm{P} R .\text{«}$$

Aus dem vorstehenden Lehrsatze ergiebt sich der allgemeinere:

Sind beliebig viele Determinanten desselben

Grades gegeben, so lässt sich ihr Product als eine Determinante desselben Grades darstellen, deren Elemente ganze rationale Functionen der Elemente der vorgelegten Determinanten sind.

Wenn in dem Lehrsatze II. vorausgesetzt wird, dass die beiden Determinanten von demselben Grade sind, so ist das unwesentlich, denn wir haben in §. 5 gesehen, dass jede Determinante $(m+1)$-ten Grades

$$\Sigma \pm a a'_1 \ldots a^{(m)}_m$$

auch als Determinante höheren Grades angesehen werden kann. Ist $m < n$, und machen wir die Annahme, dass sämmtliche Elemente

$$a^{(m+1)}_k, \; a^{(m+2)}_k, \; \ldots, \; a^{(n)}_k,$$

bei denen der untere Index kleiner als der obere ist, verschwinden, während

$$a^{(m+1)}_{m+1} = a^{(m+2)}_{m+2} = \cdots = a^{(n)}_n = 1$$

ist, [311] so kommt nach §. 5, IV.:

$$\Sigma \pm a a'_1 a''_2 \ldots a^{(n)}_n = \Sigma \pm a a'_1 \ldots a^{(m)}_m.$$

In diesem Falle wird also

$$(S) \quad \Sigma \pm a a'_1 a''_2 \ldots a^{(m)}_m \cdot \Sigma \pm a a'_1 a''_2 \ldots a^n_n = \Sigma \pm c c'_1 c''_2 \ldots c^n_n$$

oder man hat den

Lehrsatz III.

»Es sei für die Werthe $0, 1, 2, \ldots, m$ des Index i:

$$c^i_k = a^{(i)} a^{(k)} + a'^i_1 a^k_1 + \cdots + a^i_n a^k_n$$

und für die Werthe des Index i, die grösser als m sind:

$$c^i_k = a^k_i + a'^i_{i+1} a^k_{i+1} + a^i_{i+2} a^k_{i+2} + \cdots + a^i_n a'^k_n.$$

(384) Alsdann ist:

$$\Sigma \pm a a'_1 \ldots a^{(m}_m \; \Sigma \pm a a'_1 \ldots a^{(n}_n = \Sigma \pm c c'_1 c''_2 \ldots c^n_n.«$$

Auf der linken Seite der Gleichung (S) kommen diejenigen Elemente a nicht vor, deren oberer Index grösser als m ist. Man

Ueber die Bildung und die Eigenschaften der Determinanten. 39

darf mithin in dem vorhergehenden Lehrsatze über die Werthe dieser Elemente willkürlich verfügen. Nehmen wir an, dass sie verschwinden, so wird für $i < m$:
$$c_k^i = a^i a^k + a_1^i a_1^k + \cdots + a_m^i a_m^k,$$
für $i > m$:
$$c_k^i = a_i^k.$$

14.

Wir kommen zu dem Falle, dass $p > n$ ist. Nach der Formel (5) des vorhergehenden Paragraphen wird P die Summe der Ausdrücke
$$a_m a'_{m'} \ldots a^{n}_{m^{(n)}} \cdot \Sigma \pm a_m a'_{m'} \ldots a^{n}_{m^{(n)}},$$
wo für die Indices m, m' u. s. w. alle Systeme von je $n+1$ von einander verschiedenen Werthen aus der Reihe der Indices $0, 1, 2, \ldots p$ zu setzen sind. Wählt man also aus der Reihe $0, 1, 2, \ldots, p$ irgend welche $n+1$ verschiedene Zahlen, so dürfen diese Zahlen in jeder beliebigen Reihenfolge für die unteren Indices m, m', ..., $m^{(n)}$ genommen werden. Man hat also zuerst bei jedem solchen Systeme von $n+1$ Zahlen alle Permutationen vorzunehmen und dann die einzelnen so entstehenden Aggregate von je $1 . 2 \ldots (n+1)$ Gliedern zu summiren. Durch jene Permutationen der unteren Indices m, m' u. s. w. wird aber die Determinante
$$\Sigma \pm a_m a'_{m'} \ldots a^{n}_{m^{(n)}}$$
entweder nicht geändert, oder sie ändert nur ihr Vorzeichen, je nach dem die Permutation positiv oder negativ ist. Deshalb wird
$$P = S \Sigma \pm a_m a'_{m'} \ldots a^{(n)}_{m^{(n)}} \Sigma \pm a_m a'_{m'} \ldots a^{n)}_{m^{(n)}}$$
[312] oder P wird ein Aggregat aus
$$\frac{p+1 \cdot p \cdot p-1 \ldots p-n+1}{1.2.3 \ldots n+1} = \frac{p+1 \cdot p \cdot p-1 \ldots n+2}{1.2.3 \ldots p-n}$$
Producten von je zwei Determinanten
$$\Sigma \pm a_m a'_{m'} \ldots a^{(n}_{m^{(n}} \cdot \Sigma \pm a_m a'_{m'} \ldots a^{n)}_{m^{(n)}},$$

die man erhält, wenn man alle Systeme von $n+1$ verschiedenen Zahlen aus der Reihe $0, 1, 2, \ldots, p$ für die unteren Indices $m, m', \ldots, m^{(n)}$ nimmt.

Wir haben also folgenden Lehrsatz:

(385) Lehrsatz IV.

»Man bilde die Producte von je zwei Determinanten

$$\Sigma \pm a_m a'_{m'} \ldots a^{(n)}_{m^{(n)}} \cdot \Sigma \pm a_m a'_{m'} \ldots a^{(n)}_{m^{(n)}},$$

indem man für die unteren Indices m, m' u. s. w. alle Systeme von $n+1$ Zahlen aus der Reihe $0, 1, 2, \ldots, p$ nimmt, wo $p > n$ ist. Dann ist die Summe aller dieser Producte gleich der Determinante

$$\Sigma \pm c c'_1 \ldots c^{(n)}_n,$$

deren Elemente durch die Formel

$$c^{(i)}_k = a^{(i)} a^{(k)} + a^{(i)}_1 a^{(k)}_1 + \cdots + a^{(i)}_p a^{(k)}_p$$

gegeben werden.«

In dem besonderen Falle, dass für alle Werthe von i und m [22])

$$a^{(i)}_m = a'^{i}_m$$

ist, erhält man aus den vorhergehenden Lehrsätzen den folgenden

Lehrsatz V.

Man setze

$$c^{(i)}_k = c^k_i = a^i a^k + a^i_1 a^k_1 + \cdots + a^i_p a^k_p,$$

und es sei die Determinante

$$\Sigma \pm c c'_1 \ldots c^n_n = P.$$

Ist $p < n$, so wird

$$P = 0.$$

Ist $p = n$, so wird

$$P = \left\{ \Sigma \pm a a'_1 \ldots a^{n}_n \right\}^2.$$

Ist $p > n$, so wird

Ueber die Bildung und die Eigenschaften der Determinanten.

$$P = S \left\{ \Sigma\, a_m a'_{m'} \ldots a^{'n}_{m^{(n)}} \right\}^2,$$

wofern man für die unteren Indices m, m' u. s. w. alle Systeme von $n+1$ verschiedenen Zahlen aus der Reihe $0, 1, 2, \ldots, p$ nimmt.«

Hieraus folgt als Corollar, dass die Determinante

$$\Sigma \pm c\, c'_1 \ldots c^n_n,$$

[313] sobald die Grössen $a_k^{(i)}$ reell sind, nur dann verschwinden kann, wenn die Determinanten

$$\Sigma \pm a_m a'_{m'} \ldots a^{n}_{m^{(n)}}$$

jede für sich verschwinden.

Die Lehrsätze II. und IV. hat *Cauchy* an dem angegebenen Orte bewiesen[23]).

386) 15.

Vorgelegt seien die linearen Gleichungen

(1) $\begin{cases} cx + c_1 x_1 + \cdots + c_n x_n = \gamma, \\ c'x + c'_1 x_1 + \cdots + c'_n x_n = \gamma', \\ \quad\vdots \\ c^{(n)} x + c_1^{(n)} x_1 + \cdots + c_n^{(n)} x_n = \gamma^{(n)}; \end{cases}$

hierin ist

(2) $\quad c_k^{'i} = a^{(i} a^k + a_1^i a'^k_1 + \cdots + a_p^{(i} a_p^k,$

(3) $\quad \gamma^{'i} = a^{'i} l + a_1^{'i} l_1 + \cdots + a_p^{'i} l_p\,{}^{24}).$

Diese Gleichungen entstehen, wenn die $p+1$ Gleichungen

(4) $\begin{cases} ax + a'x_1 + \cdots + a^{(n)} x_n = l, \\ a_1 x + a'_1 x_1 + \cdots + a_1^{(n)} x_n = l_1, \\ \quad\vdots \\ a_p x + a'_p x_1 + \cdots + a_p^{(n)} x_n = l_p \end{cases}$

mit den Factoren

$$a^i, \; a_1^i, \; \ldots \; a_p^i$$

multiplicirt und addirt werden.

Ist $p < n$, so verschwindet die Determinante der Gleichungen (1) nach dem Lehrsatze I. des §. 13, und in diesem Falle sind die Werthe der Unbekannten entweder unendlich gross oder unbestimmt. Dass sie hier unbestimmt sind, erkennt man so. Die Gleichungen (1) sind befriedigt, sobald die Gleichungen (4) befriedigt sind. Ist aber $p < n$, so ist die Anzahl der Gleichungen (4) kleiner als die Anzahl der Unbekannten, und man kann daher jene Gleichungen auf unendlich viele Arten befriedigen.

Es sei jetzt $p \geq n$. Setzen wir wiederum

(5) $$P = \Sigma \pm c\, c_1' \ldots c_n^{(n)},$$

so erhalten wir als Lösung der Gleichungen (1):

(6) $$\begin{cases} P.x = \dfrac{\partial P}{\partial c}\gamma + \dfrac{\partial P}{\partial c'}\gamma' + \cdots + \dfrac{\partial P}{\partial c^{(n)}}\gamma^{(n)}, \\ P.x_1 = \dfrac{\partial P}{\partial c_1}\gamma + \dfrac{\partial P}{\partial c_1'}\gamma' + \cdots + \dfrac{\partial P}{\partial c_1^{(n)}}\gamma^{(n)}, \\ \quad \cdot \quad \cdot \quad \cdot \quad \cdot \\ P.x_n = \dfrac{\partial P}{\partial c_n}\gamma + \dfrac{\partial P}{\partial c_n'}\gamma' + \cdots + \dfrac{\partial P}{\partial c_n^{(n)}}\gamma^{(n)}. \end{cases}$$

[314] In diese Werthe wollen wir für die $\gamma^{(i)}$ die Ausdrücke (3) einsetzen. Dann möge kommen:

(387)
(7) $$\begin{cases} P.x = \beta l + \beta_1 l_1 + \cdots + \beta_p l_p, \\ P.x_1 = \beta' l + \beta_1' l_1 + \cdots + \beta_p' l_p, \\ \quad \cdot \quad \cdot \quad \cdot \\ P.x_n = \beta^{(n)} l + \beta_1^{(n)} l_1 + \cdots + \beta_p^{(n)} l_p. \end{cases}$$

Hierin ist

(8) $$\beta_m^k = a_m \frac{\partial P}{\partial c_k} + a_m' \frac{\partial P}{\partial c_k'} + \cdots + a_m'^n \frac{\partial P}{\partial c_k^n}.$$

Diese Ausdrücke lassen sich nach (2) auch so schreiben:

(9) $$\beta_m^k = \frac{\partial P}{\partial c_k}\cdot\frac{\partial c_k}{\partial a_m^k} + \frac{\partial P}{\partial c_k'}\cdot\frac{\partial c_k'}{\partial a_m^k} + \cdots + \frac{\partial P}{\partial c_k^n}\cdot\frac{\partial c_k^n}{\partial a_m^k}.$$

Ueber die Bildung und die Eigenschaften der Determinanten. 43

Von allen Grössen c enthalten einzig und allein die Grössen
$$c_k, c'_k, \ldots, c''_k$$
das Element a_m^k, und es wird daher, wenn man P mittelst der Formeln (2 durch die Grössen α und a ausdrückt:

(10) $$\beta_m^k = \frac{\partial P}{\partial a_m^k}.$$

Mithin lassen sich die Werthe der Unbekannten (7) durch folgende Formeln darstellen:

(11) $$\begin{cases} P.x = \dfrac{\partial P}{\partial a} l + \dfrac{\partial P}{\partial a_1} l_1 + \cdots + \dfrac{\partial P}{\partial a_p} l_p, \\[4pt] P.x_1 = \dfrac{\partial P}{\partial a'} l + \dfrac{\partial P}{\partial a'_1} l_1 + \cdots + \dfrac{\partial P}{\partial a'_p} l_p, \\[4pt] \cdots \\[4pt] P.x_n = \dfrac{\partial P}{\partial a^n} l + \dfrac{\partial P}{\partial a_1^n} l_1 + \cdots + \dfrac{\partial P}{\partial a_p^n} l_p. \end{cases}$$

Wir wollen wiederum

(12) $R = \Sigma \pm a_m a'_{m'} \ldots a^n_{m^{(n)}}$, $P = \Sigma \pm \alpha_m \alpha'_{m'} \ldots \alpha^n_{m^{(n)}}$

setzen und das Summationszeichen — S — auf alle Systeme der $m, m', \ldots, m^{(n)}$ erstrecken, in denen m, m' u. s. w. gleich n verschiedenen Zahlen aus der Reihe $0, 1, 2, \ldots, p$ sind. Dann ist nach Lehrsatz IV. des vorhergehenden Paragraphen:

(13) $$P = S.PR.$$

Setzt man diese Formel in (11) ein, so kommt

(14) $$\begin{cases} \{S.PR\}\, x = S.P\left\{\dfrac{\partial R}{\partial a} l + \dfrac{\partial R}{\partial a_1} l_1 + \cdots + \dfrac{\partial R}{\partial a_p} l_p\right\}, \\[4pt] \{S.PR\}\, x_1 = S.P\left\{\dfrac{\partial R}{\partial a'} l + \dfrac{\partial R}{\partial a'_1} l_1 + \cdots + \dfrac{\partial R}{\partial a'_p} l_p\right\}, \\[4pt] \cdots \\[4pt] \{S.PR\}\, x_n = S.P\left\{\dfrac{\partial R}{\partial a^{(n)}} l + \dfrac{\partial R}{\partial a_1^n} l_1 + \cdots + \dfrac{\partial R}{\partial a_p^{n)}} l_p\right\}. \end{cases}$$

[315] (388) In den Ausdruck R treten nicht alle Elemente
$$a^i, \ a_1^i, \ \ldots, \ a_p^i$$
ein, sondern nur die Elemente
$$a_m^i, \ a_{m'}^i, \ \ldots, \ a_{m^{(n)}}^i.$$
Deshalb lassen sich die Werthe (14) auch so schreiben:

$$(15) \begin{cases} \{S.PR\}x = S.P\left\{\dfrac{\partial R}{\partial a_m}l_m + \dfrac{\partial R}{\partial a_{m'}}l_{m'} + \cdots + \dfrac{\partial R}{\partial a_{m^{(n)}}}l_{m^{(n)}}\right\}, \\ \{S.PR\}x_1 = S.P\left\{\dfrac{\partial R}{\partial a'_m}l_m + \dfrac{\partial R}{\partial a'_{m'}}l_{m'} + \cdots + \dfrac{\partial R}{\partial a'_{m^{(n)}}}l_{m^{(n)}}\right\}, \\ \qquad \cdots \\ \{S.PR\}x_n = S.P\left\{\dfrac{\partial R}{\partial a^n_m}l_m + \dfrac{\partial R}{\partial a^n_{m'}}l_{m'} + \cdots + \dfrac{\partial R}{\partial a^n_{m^{(n)}}}l_{m^{(n)}}\right\}. \end{cases}$$

Bezeichnen wir mit
$$(x), \ (x_1), \ \ldots, \ (x_n)$$
die Werthe der Unbekannten $x, x_1, \ldots, x_n$, die den $n+1$ Gleichungen aus dem Systeme der Gleichungen (4) mit den constanten Gliedern
$$l_m, \ l_{m'}, \ \ldots, \ l_{m^{(n)}}$$
genügen, so sind die Klammerausdrücke, die auf der rechten Seite der Gleichungen (15) unter dem Summenzeichen, mit P multiplicirt, vorkommen, gleich
$$R.(x), \ R.(x_1), \ \ldots, \ R.(x_n),$$
und es lassen sich die Formeln (15) nunmehr so schreiben:

$$(16) \begin{cases} \{S.PR\}.x = S\{PR.(x)\}, \\ \{S.PR\}.x_1 = S\{PR.(x_1)\}, \\ \qquad \cdots \\ \{S.PR\}.x_n = S\{PR.(x_n)\}. \end{cases}$$

Mithin ist
$$(17) \quad x = \frac{S\{PR.(x)\}}{S.PR}, \ x_1 = \frac{S\{PR.(x_1)\}}{S.PR}, \ \ldots, \ x_n = \frac{S\{PR.(x_n)\}}{S.PR},$$
das heisst, man hat folgenden Lehrsatz:

Ueber die Bildung und die Eigenschaften der Determinanten. 45

Lehrsatz I.

»Wenn man irgend welche $n+1$ der $p+1$ Gleichungen (4) combinirt, z. B. die $(m+1)$-te, $(m'+1)$-te, ..., $(m^{(n)}+1)$-te, so mögen sich als die Werthe der Unbekannten $x, x_1, \ldots, x_n$ ergeben

389)
$$(x), (x_1), \ldots, (x_n).$$

Man multiplicire alle diese Werthe mit derselben Grösse

$$PR = \Sigma \pm a_m a'_{m'} \ldots a^{(n)}_{m^{(n)}} \cdot \Sigma \pm a_m a'_{m'} \ldots a^{n)}_{m^{(n)}}$$

[316] und bilde für alle diese Combinationen, deren Anzahl

$$\frac{p+1 \cdot p \ldots p-n+1}{1.2 \ldots n+1} = \frac{p+1 \cdot p \ldots n+2}{1.2 \ldots p-n}$$

ist, jedesmal die Producte

$$PR.(x), \quad PR.(x_1), \ldots, PR.(x_n).$$

Summirt man und dividirt noch durch die Summe der PR, so bekommt man die Werthe der Unbekannten, die durch die Gleichungen (1) bestimmt werden:

$$x = \frac{S\{PR.(x)\}}{S.PR}, \quad x_1 = \frac{S\{PR.(x_1)\}}{S.PR}, \ldots, x_n = \frac{S\{PR.(x_n)\}}{S.PR}.«$$

Ist wiederum

$$a^i_m = a^i_m,$$

so gehen die Gleichungen (1) in die folgenden über:

(1S) $\begin{cases} (aa)x + (aa')x_1 + \cdots + (aa^{(n)})x_n = (al), \\ (a'a)x + (a'a')x_1 + \cdots + (a'a^{(n)})x_n = (a'l), \\ \cdot \quad \cdot \quad \cdot \quad \cdot \quad \cdot \quad \cdot \quad \cdot \quad \cdot \\ (a^{(n)}a)x + (a^{(n)}a')x_1 + \cdots + (a^{(n)}a^{(n)})x_n = (a^{(n)}l); \end{cases}$

hierin ist

$$(a^i a^k) = a^k a^i = a^i a^k + a^i_1 a^k_1 + \cdots + a^i_p a^k_p,$$
$$(a^i l) = a^i l + a^i_1 l_1 + \cdots + a^i_p l_p.$$

Die Gleichungen 1S sind dieselben, die zur Bestimmung der Unbekannten x, x_1 u. s. w. durch die Methode der kleinsten Quadrate angewandt werden, wenn die Beobachtungen eine Anzahl von Gleichungen (4) geliefert haben, welche die Anzahl der Unbekannten übersteigt. Setzt man nämlich

$$U = S \cdot (a_m x + a'_m x_1 + \cdots + a^{(n)}_m x_n - l_m)^2,$$

wo die Summe S auf die Werthe $0, 1, \ldots, p$ von m zu erstrecken ist, so stimmen die Gleichungen (18) überein mit diesen:

$$\tfrac{1}{2} \frac{\partial U}{\partial x} = 0, \quad \tfrac{1}{2} \frac{\partial U}{\partial x_1} = 0, \ldots \tfrac{1}{2} \frac{\partial U}{\partial x_n} = 0,$$

für welche U den kleinsten Werth erlangt.

Wir haben daher folgenden Lehrsatz:

(390) Lehrsatz II.

»Vorgelegt seien die Gleichungen

$$ax + a'x_1 + a''x_2 + \cdots + a^{(n)}x_n = l,$$
$$a_1 x + a'_1 x_1 + a''_1 x_2 + \cdots + a^{(n)}_1 x_n = l_1,$$
$$\cdots\cdots\cdots\cdots\cdots\cdots\cdots\cdots$$
$$a_p x + a'_p x_1 + a''_p x_2 + \cdots + a^{(n)}_p x_n = l_p,$$

[317] deren Anzahl die Anzahl der Unbekannten übersteigt. Aus jedem Systeme von $n + 1$ der vorhergehenden Gleichungen möge der Werth einer der Unbekannten berechnet und mit dem Quadrate der Determinante dieses Systems, RR, multiplicirt werden. Nachdem dies für die einzelnen Combinationen der vorgelegten Gleichungen geschehen ist, bilde man die Summe aller dieser Producte und dividire sie durch die Summe aller RR. Durch dieses Verfahren erhält man denselben Werth der Unbekannten, den man findet, wenn man die vorgelegten Gleichungen mittelst der Methode der kleinsten Quadrate behandelt.«

Es ist noch zu bemerken, dass die Werthe aller Unbekannten, die aus derselben Combination der vorgelegten Gleichungen hervorgehen, nach dem vorstehenden Lehrsatze mit derselben Grösse RR multiplicirt werden, die daher bei den Anwendungen auf die Methode der kleinsten Quadrate passend als das Gewicht der betreffenden Combination bezeichnet wird; dieses Gewicht darf nicht mit dem Gewichte des Werthes der Unbekannten verwechselt werden.

Ueber die Bildung und die Eigenschaften der Determinanten. 47

16.

Aus den Gleichungen (18) des vorhergehenden Paragraphen möge folgen

$$P \cdot x = H(al) + H'(a'l) + \cdots + H^{(n)}(a^{(n)}l).$$

wo P wie oben die Determinante dieser Gleichungen bezeichnet. Die Astronomen pflegen die Grösse

$$\frac{P}{H} = \mathfrak{P}$$

das Gewicht der Unbekannten x zu nennen oder besser das Gewicht der Bestimmung der Unbekannten x, die aus der Combination aller Beobachtungen mittelst der Methode der kleinsten Quadrate gewonnen wird.

Setzt man an die Stelle von $(a^{(i)} a^{(k)})$ wieder das Element $c_k^{(i)}$, so wird

$$P = \Sigma \pm c\, c_1'\, c_2'' \ldots c_n^{\;n}, \quad H = \Sigma \pm c_1'\, c_2'' \ldots c_n^{\;n}.$$

Mithin ist nach Lehrsatz V. des §. 14:

$$P = S \left\{ \Sigma \pm a_m\, a_{m'}'\, a_{m''}'' \ldots a_{m^{(n)}}^{\;n} \right\}^2,$$

$$H = S \left\{ \Sigma \pm a_{m'}'\, a_{m''}'' \ldots a_{m^{(n)}}^{\;n} \right\}^2,$$

wofern bei der ersten Formel für m, m', m'', ..., $m^{(n)}$, bei der zweiten für m', m'', ..., $m^{(n)}$ auf alle möglichen Arten beziehungsweise $n + 1$ oder n verschiedene Zahlen aus der Reihe 0, 1, 2, ..., p (391) genommen werden.

Combiniren wir nur so viele Beobachtungen als Unbekannte vorhanden sind, zum Beispiel die Beobachtungen, die den Grössen

$$l_0, l_1, \ldots, l_n$$

entsprechen, so hat x, wenn es durch diese Combination bestimmt wird, das Gewicht:

$$\frac{\left\{ \Sigma \pm a_0\, a_1'\, a_2'' \ldots a_n^{\;n} \right\}^2}{S \left\{ \Sigma \pm a_1'\, a_2'' \ldots a_n^{\;n} \right\}^2} = (\mathfrak{P}),$$

wofern in dem Nenner unter dem Zeichen S für die unteren Indices [318] auf alle verschiedene Arten n verschiedene von den $n + 1$ Indices 0, 1, 2, ..., n genommen werden. Nennen wir die Grösse

$$\left\{\Sigma \pm a_1' a_2'' \ldots a_n^{n}\right\}^2 = RR$$

das Gewicht der Combination, so ist

$$S\left\{\Sigma \pm a_1' a_2'' \ldots a_n^{n}\right\}^2 = \frac{RR}{(\mathfrak{P})}$$

ein Bruch, dessen Nenner das Gewicht von x ist, wenn x durch diese Combination bestimmt wird, und dessen Zähler das Gewicht der Combination, RR, bildet.
Die Grösse

$$\left\{\Sigma \pm a_0' a_1'' \ldots a_{n-1}^{(n)}\right\}^2,$$

die in dem vorstehenden Aggregate vorkommt, begegnet uns auch bei andern Combinationen, nämlich bei denen, die den Grössen $l_0, l_1, \ldots, l_{n-1}$ und einer der übrigen $l_n, l_{n+1}, \ldots, l_p$ entsprechen, also bei

$$p + 1 - n$$

Combinationen. Wenn wir daher für die einzelnen Combinationen von je $n + 1$ der $p + 1$ Beobachtungen, und diese Anzahl genügt zur Bestimmung der Unbekannten, das reciproke Gewicht von x bestimmen und mit dem Gewichte der Combination multipliciren, so ist die Summe aller dieser Producte gleich der Grösse

$$(p + 1 - n) S\left\{\Sigma \pm a_{m'}' a_{m''}'' \ldots a_{m^{(n)}}^n\right\}^2 = (p + 1 - n) H$$

oder es wird

$$S\frac{RR}{(\mathfrak{P})} = (p+1-n)H = (p+1-n)\frac{P}{\mathfrak{P}} = (p+1-n)\frac{S.RR}{\mathfrak{P}},$$

mithin

$$\frac{S.\frac{RR}{(\mathfrak{P})}}{S.RR} = \frac{p+1-n}{\mathfrak{P}}.$$

Vermöge dieser Formel wird das Gewicht $\mathfrak{P}$ einer Unbekannten, die nach der Methode der kleinsten Quadrate aus allen $p + 1$ Beobachtungen bestimmt ist, ausgedrückt durch die Gewichte derselben Grösse, die man bei eben so vielen Beobachtungen erhält, als die Anzahl der Unbekannten beträgt, wenn noch die einzelnen Gewichte der Combinationen, RR, zu Hilfe genommen werden. (392) Wir sehen, dass ein gewisser Mittelwerth der Grössen $\frac{1}{(\mathfrak{P})}$, der auf der linken Seite der vorhergehenden Gleichung gebildet wird, nicht gleich $\frac{1}{\mathfrak{P}}$ ist, wie das nach dem Lehrsatze II. des vorhergehenden Paragraphen bei den Werthen der Unbekannten eintritt, sondern gleich $\frac{1}{\mathfrak{P}}$ mal $p + 1 - n$, das heisst mal dem Ueberschusse der um eine Einheit vermehrten Anzahl der Beobachtungen über die Anzahl der Unbekannten. Das stimmt sehr gut, da die Gewichte der Bestimmungen mit der Anzahl der Beobachtungen wachsen.

Königsberg i. Pr., den 17. März 1841.

Ueber die alternirenden Functionen

und ihre Theilung durch das Product aus den Differenzen der Elemente.

Von

C. G. J. Jacobi,
ord. Prof. d. Math. zu Königsberg.

Journal für die reine und angewandte Mathematik. Bd. 22. S. 360—371.

1.

Vandermonde hat vor langer Zeit die elegante Bemerkung gemacht, dass die Determinante

$$\Sigma \pm a_0^0 \, a_1' \, a_2'' \ldots a_n^{(n)},$$

wenn man die oberen Indices in Exponenten verwandelt, in das Product übergeht, das aus den Differenzen aller Elemente

$$a_0, \, a_1, \, a_2, \, \ldots, \, a_n$$

gebildet ist:

$$P = (a_1 - a_0)(a_2 - a_0)(a_3 - a_0) \ldots (a_n - a_0)$$
$$(a_2 - a_1)(a_3 - a_1) \ldots (a_n - a_1)$$
$$(a_3 - a_2) \ldots (a_n - a_2)$$
$$\ldots$$
$$(a_n - a_{n-1}) \; [25].$$

Man beweist das folgendermaassen.

Eine Function, die bei einer gewissen Permutation der Elemente den entgegengesetzten Werth annimmt, kann kein Glied enthalten, das bei dieser Permutation ungeändert bleibt;

Ueber die alternirenden Functionen und ihre Theilung etc. 51

sonst müsste nämlich auch das entgegengesetzte Glied vorhanden sein, und beide Glieder würden sich gegenseitig zerstören. Mithin können in der Entwickelung des Productes P, das ja bei der Vertauschung von zwei Elementen den entgegengesetzten Werth annimmt, keine Glieder

$$a_0^{\alpha_0} a_1^{\alpha_1} a_2^{\alpha_2} \ldots a_n^{\alpha_n}$$

vorkommen, in denen zwei oder mehr Exponenten einander gleich sind, denn Glieder dieser Art ändern sich nicht, wenn man die beiden Elemente mit einander vertauscht, die zu derselben Potenz erhoben sind. Folglich können die Exponenten

$$\alpha_0, \alpha_1, \alpha_2, \ldots, \alpha_n$$

nur ganze, positive, von einander verschiedene Werthe annehmen, und da die Summe aller Exponenten gleich der Dimension des Productes P:

$$\tfrac{1}{2} n(n+1)$$

(442) sein muss, so können diese Exponenten nur

$$0, 1, 2, \ldots, n$$

sein, [361] denn die Summe irgend welcher andrer, von einander verschiedener Exponenten würde die Zahl $\tfrac{1}{2}n(n+1)$ übertreffen.

Ferner können die Coefficienten der Glieder, in denen a_0, a_1 u. s. w. alle von einander verschieden sind, keine andern sein als

$$\pm 1,$$

denn man erhält diese Glieder bei der Ausführung des Productes nur auf eine einzige Art. Zum Beispiel erhält man das Glied

$$a_0^0 a_1^1 a_2^2 \ldots a_n^n$$

nur, wenn man bei den einzelnen Factoren

$$a_n - a_{n-1}, \quad a_n - a_{n-2}, \quad a_n - a_{n-3}, \ldots, \quad a_n - a_0,$$
$$a_{n-1} - a_{n-2}, \quad a_{n-1} - a_{n-3}, \ldots, \quad a_{n-1} - a_0,$$
$$a_{n-2} - a_{n-3}, \ldots, \quad a_{n-2} - a_0,$$
$$\cdots \cdots$$
$$a_1 - a_0$$

die ersten Terme mit einander multiplicirt. Die Entwickelung des Productes P entsteht also aus dem Gliede

4*

$$= a_0^0 a_1^1 a_2^2 \ldots a_n^n,$$

wenn man die Elemente $a_0, a_1, \ldots, a_n$ oder auch die unteren Indices $0, 1, 2, \ldots, n$ auf alle Arten mit einander vertauscht. Dabei sind ausserdem die Vorzeichen durch das Gesetz bestimmt, dass bei der Vertauschung zweier Indices das Aggregat aller Glieder den entgegengesetzten Werth annimmt. Das ist aber gerade die Bildungsweise einer Determinante, wofern die Exponenten als Indices angesehen werden.

Das Vorstehende zeigt, dass bei der Entwickelung des Productes P nur sehr wenige Glieder übrig bleiben, während bei weitem die meisten sich gegenseitig zerstören. Denn multiplicirt man

$$\tfrac{1}{2} n(n+1)$$

binomische Factoren, so erhält man die Anzahl von

$$2^{\tfrac{1}{2}n\cdot n + 1}$$

Gliedern, von denen nur die

$$1 . 2 . 3 \ldots (n+1)$$

übrig bleiben, welche den Permutationen der $n+1$ Indices entsprechen.

Ist etwa $n = 5$, so bleiben von 32768 Gliedern nur 720 übrig, während alle übrigen sich gegenseitig zerstören. Es ist daher richtiger, die Entwickelung des Productes dadurch zu erklären, dass es sich wie eine Determinante verhält, als umgekehrt zu verfahren[26]).

2.

[362] (443) Aus den bekannten Eigenschaften der Determinanten entspringen ähnliche Eigenschaften der Grössen P. Man erhält zum Beispiel nach einander für drei, vier u. s. w. Elemente die Grössen P vermöge der Formeln:

$$(a_1 - a_0)(a_2 - a_0)(a_2 - a_1) = a_1 a_2 (a_2 - a_1)$$
$$+ a_2 a_0 (a_0 - a_2)$$
$$+ a_0 a_1 (a_1 - a_0),$$

$$(a_1 - a_0)(a_2 - a_0)(a_3 - a_0)(a_2 - a_1)(a_3 - a_1)(a_3 - a_2)$$
$$= a_1 a_2 a_3 (a_2 - a_1)(a_3 - a_1)(a_3 - a_2)$$
$$- a_2 a_3 a_0 (a_3 - a_2)(a_0 - a_2)(a_0 - a_3)$$
$$+ a_3 a_0 a_1 (a_0 - a_3)(a_1 - a_3)(a_1 - a_0)$$
$$- a_0 a_1 a_2 (a_1 - a_0)(a_2 - a_0)(a_2 - a_1)$$

u. s. w.   u. s. w.

Ueber die alternirenden Functionen und ihre Theilung etc. 53

Jede horizontale Linie erhält man aus der darüber stehenden, wenn man jeden der Indices 0, 1, 2 u. s. w. in den unmittelbar darauf folgenden verwandelt und den letzten in den ersten, wobei man noch das Vorzeichen zu ändern oder unverändert zu lassen hat, je nach dem die Anzahl der Elemente gerade oder ungerade ist.

Ist die Anzahl der Elemente gerade, so giebt es folgende bequeme Darstellung der Grösse P. Wir bezeichnen mit

$$(i_0, i_1, i_2, \ldots, i_m)$$

irgend eine Function von Grössen, die mit den Indices $i_0, i_1, \ldots, i_m$ behaftet sind. Ist nun das Aggregat zu bilden:

$$\begin{aligned}S(i_0, i_1, i_2, \ldots, i_m) = & \ (i_0, i_1, i_2, \ldots, i_{m-1}, i_m) \\ & + (i_1, i_2, i_3, \ldots, i_m, i_0) \\ & + (i_2, i_3, i_4, \ldots, i_0, i_1) \\ & \ \ \ \cdots \\ & + (i_m, i_0, i_1, \ldots, i_{m-2}, i_{m-1}).\end{aligned}$$

so will ich das andeuten, indem ich sage, die Indices

$$i_0, i_1, i_2, \ldots, i_m$$

durchlaufen einen Cyklus. Dabei ist die Reihenfolge, in der die Indices cyklisch angeordnet werden, streng festzuhalten.

Nunmehr kann man die Grösse P so darstellen. Man bilde den Ausdruck:

$$(a_1 - a_0)(a_3 - a_2) \ldots (a_n - a_{n-1}) \Sigma a_2^2 a_3^2 a_4^4 a_5^4 \ldots a_{n-1}^{n-1} a_n^{n-1}.$$

den ich, damit das Gesetz deutlicher hervortritt, so schreiben will:

$$(a_1 - a_0)(a_3 - a_2) \ldots (a_n - a_{n-1}) \Sigma (a_0 a_1)^0 (a_2 a_3)^2 (a_4 a_5)^4 \ldots (a_{n-1} a_n)^{n-1};$$

[363] unter dem Zeichen Σ sind die Exponenten

$$0, 2, 4, \ldots, n-1$$

auf alle Arten zu permutiren.

(444) In diesem Ausdrucke mögen zuerst die drei Elemente

$$a_{n-2}, a_{n-1}, a_n$$

einen Cyklus durchlaufen, darauf die fünf Elemente

$$a_{n-4}, a_{n-3}, a_{n-2}, a_{n-1}, a_n,$$

und so fort, so dass zuletzt die Elemente
$$a_1, a_2, a_3, \ldots, a_n$$
einen Cyklus durchlaufen. Das Aggregat aus allen Ausdrücken, die sich so ergeben, ist gleich P. Zum Beispiel wird für vier Elemente

$$\begin{aligned}
P &= (a_1 - a_0)(a_3 - a_2)\{a_0^2 a_1^2 + a_2^2 a_3^2\} \\
&+ (a_2 - a_0)(a_1 - a_3)\{a_0^2 a_2^2 + a_3^2 a_1^2\} \\
&+ (a_3 - a_0)(a_2 - a_1)\{a_0^2 a_3^2 + a_1^2 a_2^2\}\,{}^{27}) \\
&= a_1 - a_0)(a_2 - a_0)(a_3 - a_0)(a_2 - a_1)(a_3 - a_1)(a_3 - a_2).
\end{aligned}$$

Bei dem vorgelegten Ausdrucke
$$(a_1 - a_0)(a_3 - a_2)\ldots(a_n - a_{n-1})\, \Sigma (a_0 a_1)^0 (a_2 a_3)^2 \ldots (a_{n-1} a_n)^{n-1}$$
besteht die Summe Σ aus
$$1 \cdot 2 \cdot 3 \cdots \tfrac{1}{2}(n+1)$$
Gliedern, die von den Permutationen der Exponenten herrühren. Die Entwickelung des Productes
$$(a_1 - a_0)(a_3 - a_2)\ldots(a_n - a_{n-1})$$
liefert
$$2^{\tfrac{1}{2}(n+1)}$$
Glieder. Wenn nach einander drei, fünf, ..., n Elemente einen Cyklus durchlaufen, wird die Anzahl der Glieder mit 3, 5, ..., n multiplicirt. Mithin umfasst die Entwickelung des vorgelegten Aggregates
$$2^{\tfrac{1}{2}(n+1)} \cdot 1 \cdot 2 \cdot 3 \cdots : \tfrac{1}{2}(n+1) \cdot 3 \cdot 5 \cdots n$$
Glieder, und diese Anzahl ist augenscheinlich gleich der Zahl
$$1 \cdot 2 \cdot 3 \ldots (n+1).$$
Eine andre, allgemeinere Darstellung von P ist folgende.

Wir wollen das allgemeine Glied
$$\pm a_0^0 a_1^1 a_2^2 \ldots a_{n-1}^{n-1} a_n^n \,{}^{28})$$
in mehrere Producte zerlegen, etwa in drei:
$$\pm a_0^0 a_1^1 \ldots a_i^i \times \pm a_{i+1}^{i+1} a_{i+2}^{i+2} \ldots a_k^k \times a_{k+1}^{k+1} a_{k+2}^{k+2} \ldots a_n^n.$$

Ueber die alternirenden Functionen und ihre Theilung etc.

[364] (445) Da für Zerlegungen in noch mehr Producte die Verhältnisse durchaus ähnliche sind, will ich bei dieser Zerlegung stehen bleiben. Man erhält alle Permutationen der Indices $0, 1, 2, \ldots, n$, wenn man die Indices in drei Classen vertheilt, von denen die erste $i + 1$, die zweite $k - i$, die dritte $n - k$ Indices umfasst, und nachdem man diese Vertheilungen auf alle möglichen Arten gemacht hat, die Indices einer jeden Classe auf alle Arten permutirt. Aus $n + 1$ Elementen kann man $i + 1$ verschiedene Elemente, welche die erste Classe bilden, auf

$$\frac{n+1 \cdot n \ldots n-i+1}{1 \cdot 2 \ldots i+1}$$

Arten auswählen. Aus den übrigen $n - i$ Elementen kann man $k - i$ verschiedene Elemente, welche die zweite Classe bilden, auf

$$\frac{(n-i)(n-i-1)\ldots n-k+1)}{1 \cdot 2 \ldots k-i)}$$

Arten auswählen. Die übrigen $n - k$ Elemente bilden dann die dritte Classe. Mithin geschieht die Zerlegung der $n + 1$ Elemente in drei solche Classen auf

$$\frac{(n+1) \cdot n \ldots (n-i+1) \cdot (n-i) \ldots (n-k+1)}{1 \cdot 2 \ldots (i+1) \cdot 1 \cdot 2 \ldots (k-i)}$$

Arten. Die Elemente der ersten, zweiten und dritten Classe können beziehungsweise auf

$$1 \cdot 2 \cdot 3 \ldots (i+1), \quad 1 \cdot 2 \cdot 3 \ldots (k-i), \quad 1 \cdot 2 \cdot 3 \ldots (n-k)$$

Arten permutirt werden, und wenn man diese Permutationen auf die einzelnen Vertheilungen anwendet, kommen gerade die sämmtlichen $1 \cdot 2 \ldots (n+1)$ Permutationen der $n+1$ Elemente heraus.

Aus dem Gliede

$$\pm a_0^0 a_1^1 \ldots a_i^i \cdot \pm a_{i+1}^{i+1} a_{i+2}^{i+2} \ldots a_k^k \cdot \pm a_{k+1}^{k+1} a_{k+2}^{k+2} \ldots a_n^n$$

ergiebt sich durch Permutation der Indices $0, 1, \ldots, i$, der Indices $i + 1, i + 2, \ldots, k$, der Indices $k + 1, k + 2, \ldots, n$ das Product

$$\Sigma \pm a_0^0 a_1^1 \ldots a_i^i \cdot \Sigma \pm a_{i+1}^{i+1} a_{i+2}^{i+2} \ldots a_k^k \cdot \Sigma \pm a_{k+1}^{k+1} a_{k+2}^{k+2} \ldots a_n^n.$$

das man nach §. 1 so schreiben kann:
$$(a_{i+1} a_{i+2} \ldots a_k)^{i+1} (a_{k+1} a_{k+2} \ldots a_n)^{k+1}$$
$$\times \Pi(a_0, a_1, \ldots, a_i) \Pi(a_{i+1}, a_{i+2}, \ldots, a_k) \Pi(a_{k+1}, a_{k+2}, \ldots, a_n);$$
dabei soll
$$\Pi(a, b, c, \ldots, p, q) = (b - a)(c - a) \ldots (q - p)$$
allgemein das Product aus allen Differenzen der Elemente $a, b, \ldots, q$ bezeichnen.

Hieraus gewinnt man die Gleichung:
$$P = \Pi(a_0, a_1, \ldots, a_n)$$
$$= S \pm (a_{i+1} a_{i+2} \ldots a_k)^{i+1} (a_{k+1} a_{k+2} \ldots a_n)^{k+1}$$
$$\times \Pi(a_0, a_1, \ldots, a_i) \Pi(a_{i+1}, a_{i+2}, \ldots, a_k) \Pi(a_{k+1}, a_{k+2}, \ldots, a_n).$$

(446) Das Zeichen S umfasst so viele Glieder, als es Arten giebt $n+1$ Elemente in drei Classen von $i+1$, $k-i$, $n-k$ Elemente zu vertheilen. Alle diese Vertheilungen ergeben sich [365], wenn man aus allen Permutationen der Indices 0, 1, 2, …, n die folgenden auswählt:

$$\alpha_0, \alpha_1, \ldots, \alpha_i, \alpha_{i+1}, \alpha_{i+2}, \ldots, \alpha_k, \alpha_{k+1}, \alpha_{k+2}, \ldots, \alpha_n,$$

in denen $\alpha_0, \alpha_1, \ldots, \alpha_i$ und ebenso $\alpha_{i+1}, \alpha_{i+2}, \ldots, \alpha_k$ sowie endlich $\alpha_{k+1}, \alpha_{k+2}, \ldots, \alpha_n$ einander der Grösse nach folgen. Je nach dem bei der Verwandlung der Indices 0, 1, …, n in $\alpha_0, \alpha_1, \ldots, \alpha_n$ das Product P unverändert bleibt oder den entgegengesetzten Werth annimmt, ist dem Gliede unter dem Zeichen S das Zeichen $+$ oder $-$ vorzusetzen.

Nachdem ich dies nebenbei erwähnt habe, wende ich mich zu dem eigentlichen Gegenstande meiner Abhandlung.

3.

Mit *Cauchy* wollen wir Functionen dann alternirend nennen, wenn sie bei den Permutationen der Elemente entweder unverändert bleiben oder den entgegengesetzten Werth annehmen[29]. Unter diesen Functionen ist die einfachste das im Vorhergehenden betrachtete Product P, das aus allen Differenzen der Elemente gebildet ist. Der allgemeine Ausdruck solcher Functionen ist
$$P \cdot \Sigma \left(\frac{\varphi(a_0, a_1, \ldots, a_n)}{P} \right).$$

wo unter dem Zeichen Σ die Elemente a_0 u. s. w. auf alle Arten zu permutiren sind. Aus der Function φ kann man alle Glieder weglassen, die bei der Permutation von zwei Elementen keine Aenderung erfahren, da sie ja sich gegenseitig zerstören müssen (siehe §. 1). Setzt man also

$$\varphi(a_0, a_1, \ldots, a_n) = a_0^{\alpha_0} a_1^{\alpha_1} \ldots a_n^{\alpha_n}.$$

so müssen die Exponenten $\alpha_0, \alpha_1, \ldots, \alpha_n$ alle von einander verschieden sein, denn sonst würde die alternirende Function, die aus einem solchen Gliede entspringt, identisch verschwinden.

Es ist bekannt und lässt sich auch leicht beweisen, dass die alternirende Function

$$\Sigma \pm a_0^{\alpha_0} a_1^{\alpha_1} \ldots a_n^{\alpha_n} = P \cdot \Sigma \frac{a_0^{\alpha_0} a_1^{\alpha_1} \ldots a_n^{\alpha_n}}{P},$$

sobald die Exponenten α_0 u. s. w. ganze Zahlen sind, durch P theilbar ist [39]. Dagegen ist meines Wissens noch nicht bemerkt worden, dass man den Quotienten der Division durch eine allgemeine Formel angeben kann. Um das zu zeigen, werde ich eine erzeugende Function des Quotienten

$$\Sigma \frac{a_0^{\alpha_0} a_1^{\alpha_1} \ldots a_n^{\alpha_n}}{P}$$

aufsuchen. Dabei darf ich voraussetzen, dass der kleinste Exponent (447) verschwindet. Ist nämlich α_0 der kleinste Exponent, so lässt sich der vorgelegte Ausdruck durch

$$a_0^{\alpha_0} a_1^{\alpha_0} \ldots a_n^{\alpha_0} \text{ [31])}$$

theilen. Man darf daher den vorgelegten Quotienten so schreiben:

$$\Sigma \frac{a_1^{\alpha_1} a_2^{\alpha_2} \ldots a_n^{\alpha_n}}{P};$$

in diesem Ausdrucke sind die Exponenten α_1, α_2 u. s. w. positiv.

[366] Es sei

$$\varphi(t_0, t_1, \ldots, t_m)$$

irgend eine ganze rationale Function der Grössen $t_0, t_1, \ldots, t_m$. Ferner sei das Product aus allen Differenzen der t_0 u. s. w.

$$\Pi(t_0, t_1, \ldots, t_m) = (t_1 - t_0)(t_2 - t_0) \ldots (t_m - t_{m-1})$$

$$\Sigma = t_0^0 t_1^1 t_2^2 \ldots t_m^m \text{ [31])}.$$

Endlich sei
$$f(x) = x - a_0)(x - a_1)(x - a_2) \ldots (x - a_n).$$
Wir wollen nunmehr den Ausdruck
$$\frac{\Pi(t_0, t_1, \ldots, t_m)\, \varphi(t_0, t_1, \ldots, t_m)}{f(t_0) f(t_1) \ldots f(t_m)}$$
nach fallenden Potenzen von t_0, t_1 u. s. w. entwickeln und diejenigen Glieder dieser Entwickelung genauer untersuchen, die gleichzeitig mit negativen Potenzen aller Grössen $t_0, t_1, \ldots, t_m$ behaftet sind.
Setzt man
$$f'(x) = \frac{df(x)}{dx},$$
so ergiebt sich die Partialbruchzerlegung:

$$\begin{aligned}
& \frac{\Pi(t_0, t_1, \ldots, t_m)\, \varphi(t_0, t_1, \ldots, t_m)}{f(t_0) f(t_1) \ldots f(t_m)} \\
&= \Pi \varphi \left\{ \frac{1}{f'(a_0)(t_0-a_0)} + \frac{1}{f'(a_1)(t_0-a_1)} + \cdots + \frac{1}{f'(a_n)(t_0-a_n)} \right\} \\
&\quad \times \left\{ \frac{1}{f'(a_0)(t_1-a_0)} + \frac{1}{f'(a_1)(t_1-a_1)} + \cdots + \frac{1}{f'(a_n)(t_1-a_n)} \right\} \\
&\quad \cdots \\
&\quad \times \left\{ \frac{1}{f'(a_0)(t_m-a_0)} + \frac{1}{f'(a_1)(t_m-a_1)} + \cdots + \frac{1}{f'(a_n)(t_m-a_n)} \right\}.
\end{aligned}$$

Führt man die Multiplication aus, so ergeben sich Ausdrücke der Form:
$$(2) \quad \frac{\varphi(t_0, t_1, \ldots, t_m) \cdot \Pi(t_0, t_1, \ldots, t_m)}{f'(a) f'(b) \ldots f'(p)(t_0 - a)(t_1 - b) \ldots (t_m - p)},$$
wo $a, b, \ldots, p$ irgend welche Grössen aus der Reihe der $a_0, a_1, \ldots, a_n$ bezeichnen, die von einander verschieden (448) oder auch einander gleich sein können.

Sind zwei, etwa a und b, einander gleich, so wird der Ausdruck (2):
$$\frac{\varphi(t_0, t_1, \ldots, t_m)}{f'(a) f'(b) \ldots f'(p)} \cdot \frac{\Pi(t_0, t_1, \ldots, t_m)}{t_1 - t_0}$$
$$\times \left\{ \frac{1}{t_0 - a} - \frac{1}{t_1 - a} \right\} \frac{1}{(t_2 - c)(t_3 - d) \ldots (t_m - p)},$$

und da
$$\frac{\Pi}{t-t_0}$$
eine ganze Function ist, entspringen aus der Entwickelung dieses Ausdruckes keine Glieder, die gleichzeitig negative Potenzen von t_0 und von t_1 enthalten. Berücksichtigt man also nur die Glieder der Entwickelung, die negative Potenzen aller Grössen $t_0, t_1, \ldots, t_m$ [367] enthalten, so genügt es in dem Ausdrucke (2, für $a, b, \ldots, p$ verschiedene Grössen aus der Reihe der $a_0, a_1, \ldots, a_n$ zu nehmen. Das ist aber unmöglich, wenn $m > n$ ist. Mithin haben wir den Lehrsatz:

Ist $m > n$, **so entspringen aus der Entwickelung des Ausdruckes (1 keine Glieder, die gleichzeitig negative Potenzen aller Grössen $t_0, t_1, \ldots, t_m$ enthalten.**

4.

Unter der Voraussetzung, dass $m \leq n$ ist, lässt sich der Ausdruck, um dessen Entwickelung es sich handelt, folgendermaassen schreiben:

$$(3)\ S \cdot \frac{\varphi(t_0, t_1, \ldots, t_m) \cdot \Pi(t_0, t_1, \ldots, t_m)}{f'(a_{n-m}) \cdot f'(a_{n-m+1}) \cdots f'(a_n)(t_0 - a_{n-m})(t_1 - a_{n-m+1}) \cdots (t_m - a_n)}.$$

Unter dem Zeichen S sind für a_{n-m} u. s. w. alle Systeme von $m+1$ verschiedenen Grössen der Reihe der $a_0, a_1, \ldots, a_n$ zu nehmen, und diese Grössen müssen auf alle Arten mit einander vertauscht werden. Nennen wir H den Coefficienten, mit dem in der vorliegenden Entwickelung das Glied:

$$t_0^{-1} t_1^{-1} \ldots t_m^{-1}$$

multiplicirt ist, so wird, wie leicht zu erkennen:

$$(4)\ H = S \cdot \frac{\varphi(a_{n-m}, a_{n-m+1}, \ldots, a_n) \cdot \Pi(a_{n-m}, a_{n-m+1}, \ldots, a_n)}{f'(a_{n-m}) \cdot f'(a_{n-m+1}) \cdots f'(a_n)}.$$

Da aber

$$f'(a_i) = (a_i - a_0)(a_i - a_1) \ldots (a_i - a_n)$$

ist, wo man den verschwindenden Factor $a_i - a_i$ wegzulassen hat, so wird

$$(5)\ \begin{cases} \Pi(a_{n-m}, a_{n-m+1}, \ldots, a_n) \cdot \Pi(a_0, a_1, \ldots, a_n) \\ = (-1)^{\frac{1}{2}m\,m+1} \Pi(a_0, a_1, \ldots, a_{n-m-1}) f'(a_{n-m}) \cdot f'(a_{n-m+1}) \cdots f'(a_n); \end{cases}$$

denn in dem Producte
$$f''(a_{n-m})f''(a_{n-m+1})\ldots f''(a_n)$$
finden sich als Factoren die Differenzen aller Elemente $a_0, a_1, \ldots, a_n$ ausser denen, die das Product $\Pi(a_0, a_1, \ldots, a_{n-m-1})$ bilden, und ausserdem erhält man zweimal, jedoch mit entgegengesetzten Vorzeichen, die $\tfrac{1}{2}m(m+1)$ Factoren des Productes $\Pi(a_{n-m}, a_{n-m+1}, \ldots, a_n)$.

(449 Substituirt man (5), so folgt aus (4):

(6) $H = (-1)^{\frac{1}{2}m\,m+1} \sum \dfrac{\Pi(a_0, a_1, \ldots, a_{n-m-1}) f(a_{n-m}, a_{n-m+1}, \ldots, a_n)}{P}$.

Nach §. 1 wird

(7) $\dfrac{\Pi(a_0, a_1, \ldots, a_{n-m-1})}{P} = \sum \dfrac{a_0^0 a_1^1 a_2^2 \ldots a_{n-m-1}^{n-m-1}}{P}$,

wo unter dem Zeichen Σ die Indices $0, 1, \ldots, n-m-1$ auf alle Arten zu permutiren sind. Aus (6) erhält man daher:

(S) $H = (-1)^{\frac{1}{2}m\,m+1} \sum \dfrac{a_0^0 a_1^1 a_2^2 \ldots a_{n-m-1}^{n-m-1} f(a_{n-m}, a_{n-m+1}, \ldots, a_n)}{P}$,

[368] wo unter dem Zeichen Σ alle Elemente $a_0, a_1, \ldots, a_n$ auf alle Arten zu permutiren sind. Denn in dem Ausdrucke (6) hatte man unter dem Zeichen S die Elemente $a_0, a_1, \ldots a_n$ auf alle Arten in zwei Classen beziehungsweise von $n-m$ und $m+1$ Elementen zu vertheilen und die Elemente der zweiten Classe auf alle Arten zu permutiren. In der Formel, die entsteht, wenn man (7) substituirt, sind auch die Elemente der ersten Classe auf alle Arten zu permutiren, mithin sind in der Formel (S) unter dem Zeichen Σ alle Elemente auf alle Arten zu permutiren, und das ist dasselbe, als ob alle Elemente auf alle Arten permutirt werden (siehe §. 2).

Der Ausdruck (S) ist eine ganze rationale alternirende Function der Elemente $a_0, a_1, \ldots, a_n$ getheilt durch das Product aus den Differenzen aller Elemente P, und es ist also der Ausdruck (1) die erzeugende Function dieses Quotienten, die aufzusuchen wir uns vorgenommen hatten. Wir haben nämlich gefunden, dass in der Entwickelung des Ausdruckes (1) der Coefficient des Gliedes

$$t_0^{-1} t_1^{-1} \quad t_m^{-1}$$

der vorgelegte Quotient ist.

Den Fall, dass
$$m = n$$
ist, betrachten wir besonders. In diesem Falle wird die Formel 4):

(9) $$H = S \frac{P \cdot \varphi(a_0, a_1, \ldots, a_n)}{f''(a_0) f''(a_1) \ldots f''(a_n)}.$$

Es ist aber
$$f''(a_0) f''(a_1) \ldots f''(a_n) = (-1)^{\frac{1}{2}n(n+1)} P^2,$$
mithin wird

(10) $$H = (-1)^{\frac{1}{2}n(n+1)} S \frac{\varphi(a_0, a_1, \ldots, a_n)}{P};$$

in dieser Formel sind unter dem Zeichen S die Elemente $a_0, a_1, \ldots, a_n$ auf alle Arten zu permutiren [32]). Wird der Ausdruck auf der rechten Seite mit P multiplicirt [33]), so erhält man die allgemeinste ganze rationale alternirende Function, denn φ bezeichnet eine beliebige ganze rationale Function aller Elemente. Man hat also folgenden

(450)   Lehrsatz.

Es sei P das Product aus den Differenzen aller Elemente $a_0, a_1, \ldots, a_n$; aus P gehe H hervor, wenn man $t_0, t_1, \ldots, t_n$ an die Stelle von $a_0, a_1, \ldots, a_n$ setzt. Es sei ferner
$$f(x) = (x - a_0)(x - a_1) \ldots (x - a_n),$$
und $\varphi(t_0, t_1, \ldots, t_n)$ bezeichne eine beliebige ganze rationale Function von $t_0, t_1, \ldots, t_n$. Wenn man dann unter dem Zeichen Σ die Elemente $a_0, a_1, \ldots, a_n$ auf alle Arten permutirt, so wird
$$\Sigma \frac{\varphi(a_0, a_1, \ldots, a_n)}{P}$$

[369 der allgemeinste Ausdruck einer ganzen rationalen alternirenden Function dividirt durch das Product aus den Differenzen aller Elemente. Dieser Quotient ist, wie wir gefunden haben, gleich dem Coefficienten von
$$t_0^{-1} t_1^{-1} \ldots t_n^{-1}$$
in der Entwickelung des Ausdruckes

$$(-1)^{\frac{1}{2}n\,n-1}\frac{\Pi.\varphi(t_0,t_1,\ldots,t_n)}{f(t_0).f(t_1)\ldots f(t_n)}.$$

Ist $m = n-1$, so hat nach (8) der Ausdruck

$$\sum \frac{\varphi(a_1, a_2, \ldots, a_n)}{P}$$

zur erzeugenden Function

$$(-1)^{\frac{1}{2}n\,n-1} \cdot \frac{\Pi(t_0, t_1, \ldots, t_{n-1}).\varphi(t_0, t_1, \ldots, t_{n-1})}{f(t_0).f(t_1)\ldots f(t_{n-1})},$$

was auch leicht aus dem vorhergehenden Lehrsatze folgt.

5.

Wir setzen

$$\varphi(t_0, t_1, \ldots, t_m) = t_0^{\gamma} t_1^{\gamma_1} \ldots t_m^{\gamma_m}$$

und machen folgende Bemerkung. Dividirt man die zu entwickelnde Function durch

$$t_0^{\gamma} t_1^{\gamma_1} \ldots t_m^{\gamma_m},$$

so geht der Coefficient des Gliedes

$$t_0^{-1} t_1^{-1} \ldots t_m^{-1}$$

über in den Coefficienten des Gliedes

$$t_0^{-\gamma+1} t_1^{-\gamma_1+1} \ldots t_m^{-\gamma_m+1}.$$

Die Formel (8) liefert uns daher folgenden Lehrsatz:

(451) **Lehrsatz.**

Der Ausdruck

$$\sum \frac{a_0^0 a_1^1 a_2^2 \ldots a_{n-m-1}^{n-m-1} a_{n-m}^{\gamma} a_{n-m+1}^{\gamma_1} \ldots a_n^{\gamma_m}}{(a_1-a_0)(a_2-a_0)\ldots(a_n-a_{n-1})},$$

der eine alternirende Function darstellt, die durch das Product der Differenzen der Elemente $a_0, a_1, \ldots, a_n$ getheilt ist, hat denselben Werth wie der Coefficient des Gliedes

$$t_0^{-\gamma+1} t_1^{-\gamma_1+1} \ldots t_m^{-\gamma_m+1}$$

in der Entwickelung des Ausdruckes

$$\frac{(t_0 - t_1)(t_0 - t_2)\ldots(t_{n-1} - t_n)}{f(t_0)f(t_1)\ldots f(t_m)};$$

dabei ist

$$f(x) = (x - a_0)(x - a_1)\ldots(x - a_n).$$

[370] Ich bemerke noch, dass in dem vorstehenden Lehrsatze

$$(-1)^{\frac{1}{2}m(m+1)}(t_1 - t_0)(t_2 - t_0)\ldots(t_m - t_{m-1})$$
$$= (t_0 - t_1)(t_0 - t_2)\ldots(t_{m-1} - t_m)$$

gesetzt worden ist.

Es sei

$$\frac{1}{f(x)} = \frac{1}{x^{n+1}} + \frac{C_1}{x^{n+2}} + \frac{C_2}{x^{n+3}} + \frac{C_3}{x^{n+4}} + \cdots$$

hierin ist C_i die Summe aller Producte von i verschiedenen oder gleichen Elementen, die man aus der Reihe der Grössen $a_0, a_1, \ldots, a_n$ entnehmen kann. Setzt man

$$f(x) = x^n - A_1 x^{n-1} + A_2 x^{n-2} - \cdots,$$

so lassen sich diese Grössen C_1, C_2 u. s. w. leicht durch die A_1, A_2 u. s. w. ausdrücken.

Setzt man die vorstehende Entwickelung von $\frac{1}{f(x)}$ in die Entwickelung des Bruches

$$\frac{1}{f(t_0)f(t_1)\ldots f(t_m)}$$

ein, so wird das allgemeine Glied

$$C_{i_0} C_{i_1} \ldots C_{i_m} \cdot t_0^{-n-1+i_0} t_1^{-(n+1+i_1)} \ldots t_m^{-(n+1+i_m)}.$$

Mithin wird in der Entwickelung des Ausdruckes

$$\frac{(t_0 - t_1)(t_0 - t_2)\ldots(t_{m-1} - t_m)}{f(t_0)f(t_1)\ldots f(t_m)} = \frac{\Sigma \pm t_0^m t_1^{m-1}\ldots t_{m-1}}{f(t_0)f(t_1)\ldots f(t_m)}$$

das allgemeine Glied:

$$\Sigma \pm C_{i_0} C_{i_1} \ldots C_{i_m} \cdot t_0^{m-n-1-i_0} t_1^{m-n-2-i_1} \ldots t_{m-1}^{-n-i_{m-1}} t_m^{-n-1+i_m}.$$

Der vorhergehende Lehrsatz liefert uns daher folgende Formel:

(11) $$\begin{cases} \sum \dfrac{a_0^0 a_1^1 a_2^2 \ldots a_{n-m-1}^{n-m-1} a_{n-m}^{\gamma} a_{n-m+1}^{\gamma_1} \ldots a_n^{\gamma_m}}{(a_1 - a_0)(a_2 - a_0) \ldots (a_n - a_{n-1})} \\ = \sum \pm C_{\gamma+m-n}' C_{\gamma_1+m-n-1}' \ldots C_{\gamma_m-n}' \end{cases}$$

(452) In dem ersten Theile dieser Formel sind die Elemente $a_0, a_1, \ldots, a_n$ auf alle Arten zu permutiren, in dem andern die Indices $\gamma, \gamma_1, \ldots, \gamma_m$, wobei die Zeichen $\pm$ auf die uns geläufige Art definirt sind.

Zum Beispiel wird für $m = 0$, $m = 1$ u. s. w.:

$$\sum \frac{a_0^0 a_1^1 a_2^2 \ldots a_{n-1}^{n-1} a_n^{\gamma}}{P} = C_{\gamma-n}',$$

$$\sum \frac{a_0^0 a_1^1 a_2^2 \ldots a_{n-2}^{n-2} a_{n-1}^{\gamma} a_n^{\gamma_1}}{P} = C_{\gamma+1-n}' C_{\gamma_1-n}' \quad C_{\gamma_1+1-n}' C_{\gamma-n}',$$

u. s. w. \hspace{3cm} u. s. w.

Allgemein wird der vorgelegte Quotient

$$\sum \frac{a_0^0 a_1^1 a_2^2 \ldots a_{n-m-1}^{n-m-1} a_{n-m}^{\gamma} a_{n-m+1}^{\gamma_1} \ldots a_n^{\gamma_m}}{P} \quad 34)$$

[371] gleich der Determinante, die zu dem Systeme der Grössen

$$\begin{array}{llll} C_{\gamma+m-n}', & C_{\gamma_1+m-n}', & \ldots, & C_{\gamma_m+m-n}', \\ C_{\gamma+m-n-1}', & C_{\gamma_1+m-n-1}', & \ldots, & C_{\gamma_m+m-n-1}', \\ \cdot & \cdot & & \\ C_{\gamma-n}', & C_{\gamma_1-n}', & \ldots, & C_{\gamma_m-n}' \end{array}$$

gehört. In diesen Formeln ist die Grösse C, wenn sie mit dem Index 0 behaftet ist, gleich eins, wenn sie mit einem negativen Index behaftet ist, gleich Null zu setzen.

Wollte man die vorstehende Determinante lieber durch die Combinationen der Elemente $a_0, a_1, \ldots, a_n$ ausdrücken, so könnte man bei der Bildung der C_{γ_i+1-n}' das eine Element a_n, bei der Bildung der C_{γ_i+2-n}' die beiden Elemente a_n, a_{n-1} weglassen, und so fort. Denn eine Determinante bleibt bekanntlich unverändert, wenn man zu den einzelnen Gliedern einer Horizontalreihe die mit beliebigen Grössen multiplicirten Glieder derselben Verticalreihen hinzufügt; diese Grössen müssen nur für alle Glieder einer und derselben Horizontalreihe dieselben sein. Bezeichnet man ferner mit C', C'' u. s. w. die Combinationen, bei deren Bildung ein, zwei u. s. w. Elemente weggelassen werden, so bemerke ich, dass man

$$C_{i+1} - a_n C_i = C'_{i+1}$$
$$C'_{i+2} - (a_n + a_{n-1}) C_{i+1} + a_n a_{n-1} C_i = C''_{i+2}$$

u. s. w.   u. s. w.,

erhält, wie leicht mit Hülfe der Gleichung

$$\frac{1}{x-a_0)\, x-a_1)\ldots(x-a_n)} = \frac{1}{f(x)} = \frac{1}{x^{n+1}} + \frac{C_1}{x^{n+2}} + \frac{C_2}{x^{n+3}} + \cdots$$

bewiesen wird. Diese Eigenschaften der Determinante und der Combinationen lassen die Richtigkeit unserer Behauptung erkennen [35].

Anmerkungen.

Im Jahre 1841 erschienen im 22. Bande von Crelle's Journal drei Abhandlungen *Jacobi*'s:
De formatione et proprietatibus Determinantium;
De Determinantibus functionalibus;
De functionibus alternantibus earumque divisione per productum e differentiis elementorum conflatum,
die für die Theorie der Determinanten grundlegend geworden sind, denn sie haben bewirkt, dass die Determinanten, dieses wichtige Instrument der Forschung, das, wie *Baltzer* sich ausdrückt, bis dahin im Besitze von wenigen Auserwählten geblieben war, Gemeingut der Mathematiker wurden. Wenn auch seitdem ausgezeichnete Lehrbücher der Determinantentheorie veröffentlicht wurden, und dieser Gegenstand einen gesicherten Platz in den mathematischen Vorlesungen der Hochschulen gefunden hat, so dürfte doch eine neue Ausgabe der historisch bedeutsamen Originalabhandlungen nicht überflüssig sein. Ist doch die lichtvolle Darstellung *Jacobi*'s vorzüglich geeignet besonders denen, die mit den Determinanten schon etwas mehr vertraut sind, eine tiefere Einsicht in das Wesen dieser Bildungen zu gewähren, deren Handhabung zu kennen heute für jeden Mathematiker unerlässlich erscheint.

Das vorliegende Bändchen enthält die erste Abhandlung und die sich eng daran anschliessende dritte; die zweite Abhandlung folgt in dem nächsten Bändchen. Der Uebersetzung sind die Originalabhandlungen in Crelle's Journal zu Grunde gelegt worden, von denen die Gesammelten Werke (Bd. III, Berlin 1884, S. 355—392, 439—452) einen wortgetreuen Abdruck geben. Eine genaue Prüfung hat gezeigt, dass in diesem Texte verschiedene störende

Druckfehler vorhanden sind und dass auch einige Versehen *Jacobi*'s der Verbesserung bedürfen. Sämmtliche hierdurch erforderten Abweichungen von dem Originale findet man in den folgenden Anmerkungen angegeben und, wo es nothwendig erschien, begründet. Ausserdem enthalten die Anmerkungen einige Ergänzungen zu der Litteratur, die *Jacobi* citirt hat.

Wie es bei diesen Ausgaben üblich ist, sind die Seitenzahlen der Originalabhandlungen in eckigen Klammern dem Texte beigefügt worden. Da die Gesammelten Werke sehr verbreitet sind, glaubte ich sie ebenfalls berücksichtigen zu sollen; zur Unterscheidung sind die betreffenden Seitenzahlen in runde Klammern eingeschlossen worden.

1) *Zu S. 4.* Diese fundamentale Eigenschaft des Productes der Differenzen bildete bereits bei *Cauchy* den Ausgangspunkt für die Entwickelung des Begriffs einer Determinante, vergl. seine Abhandlung: Mémoire sur les fonctions qui ne peuvent obtenir que deux valeurs égales et de signes contraires par suite des transpositions opérées entre les variables qu'elles renferment; Lu à l'Institut le 30 Novembre 1812 (Journal de l'École polytechnique. Cahier 17. Paris 1815. S.29—112). Später trennen sich jedoch die Wege *Jacobi*'s und *Cauchy*'s; vergl. Anmerkung 26.

2) *Zu S. 6.* In dem Originale und in dem Abdrucke in den Gesammelten Werken steht: prout $i_s > r$ aut $i_s < r$ statt prout $i_s > i_r$ aut $i_s < i_r$.

3) *Zu S. 7.* Da ein Ansatz, den *Leibniz* im Jahre 1700 in den Acta eruditorum veröffentlichte, weder von ihm noch von andern weiter verfolgt wurde, muss *Gabriel Cramer* als der Begründer der Determinantentheorie gelten. *Cramer* hat in Nr. 1 des Anhanges zu seiner Introduction à l'analyse des lignes algébriques (Genf 1750) die Determinanten allgemein definirt und mit ihrer Hülfe die Lösung eines beliebigen Systems linearer Gleichungen durchgeführt.

Seine Zeichenregel spricht *Cramer* (a. a. O. S. 658) folgendermaassen aus: »Man giebt diesen Gliedern das Vorzeichen + oder — nach folgender Regel. Folgt in einem Gliede einem oberen Index, mittelbar oder unmittelbar, ein kleinerer oberer Index, so nenne ich das ein Dérangement. Man zähle für ein jedes Glied die Anzahl der Dérangements.

Ist sie gerade oder Null, so hat das Glied das Vorzeichen +.
Ist sie ungerade, so hat das Glied das Vorzeichen —.«

Cramer's Gedanke wurde gewürdigt und weiter gebildet von *Bézout* (Recherches sur le degré des Équations résultantes de l'évanouissement des inconnues, et sur les moyens qu'il convient d'employer pour trouver ces Équations. Mémoires de l'Académie des Sciences. Année 1764. Paris 1767. S. 288—338), *Vandermonde* (Mémoire sur l'Élimination. Lu le 12 Janvier 1771. Mémoires de l'Académie des Sciences. Année 1772. Seconde partie. Paris 1776. S. 516—532) und *Laplace* (Recherches sur le Calcul intégral et sur le Système du Monde. Mémoires de l'Académie des Sciences. Année 1772. Seconde partie. Paris 1776. S. 267—376. Wieder abgedruckt in den Oeuvres, t. VIII. Paris 1894. S. 365—406).

4) *Zu S. 7.* In dem Originale und in dem Abdrucke steht »$n-1$« statt »n«.

5) *Zu S. 7.* Einfacher wäre es wohl gewesen, so zu schliessen: Wenn i_λ in einen der früheren Indices $i_0, i_1, \ldots, i_{\lambda-1}$ übergeht, der i_k heisse, so kann i_k nicht gleich $i_1, i_2, \ldots, i_{\lambda-1}$ sein, weil sonst zwei Indices, i_{k-1} und i_λ, in einen und denselben Index i_k übergehen würden. Mithin muss $i_k = i_0$ sein.

6) *Zu S. 9.* *Laplace* hatte 1772, wohl durch *Bézout*'s Ausdruck: Équation résultante veranlasst, die von *Cramer* eingeführten combinatorischen Bildungen als Résultants bezeichnet; übrigens hatte schon *Newton* 1707 von einer »aequatio resultans« gesprochen (Arithmetica universalis sive de compositione et resolutione arithmetica. Erste Ausgabe Cantabrigiae 1707. In der dritten Ausgabe, Leyden 1732, heisst es auf S. 58: in aequatione ultimò resultante).

Gauss war dann 1801 in der Theorie der quadratischen Formen (Disquisitiones arithmeticae. Sectio V. Nr. 154 und Nr. 267) zu den Resultanten zweiten und dritten Grades gelangt und hatte sie Determinanten der quadratischen Formen genannt. Er hat das Wort Determinante allerdings auch in einem allgemeineren Sinne gebraucht: in der Abhandlung: Demonstratio nova altera theorematis omnem functionem algebraicam rationalem integram unius variabilis in factores reales primi vel secundi gradus resolvi posse (Göttinger Abhandlungen 1815) bezeichnet er damit die Function der Coefficienten einer algebraischen Gleichung, die man jetzt nach *Sylvester*'s Vorgang (Philosophical Magazine 1851. t. II. S. 406) Discriminante zu nennen pflegt.

Cauchy (1812), der zu seinen Untersuchungen durch *Gauss'* Disquisitiones arithmeticae angeregt worden ist (a. a. O. S. 111), hat den Ausdruck **déterminant** von ihm übernommen; in späteren Arbeiten sagt er jedoch daneben **fonction alternée** oder **résultant**.
Die Darstellung der Determinante R durch das Symbol

$$\Sigma \pm a\, a_1'\, a_2'' \ldots a_n^{'n}$$

ist nicht etwa *Jacobi*'s Erfindung, man verdankt sie vielmehr *Cauchy* (a. a. O. S. 52).

7) *Zu S. 10*. *Vandermonde* S. 518 und 522. *Laplace* S. 297.

8) *Zu S. 16*. In dem Originale und in dem Abdrucke steht $a_1^{(i)}, a_2^{(i)}, \ldots, a_n^{(i)}$ statt $a^{(i)}, a_1^{(i)}, a_2^{(i)}, \ldots, a_n^{(i)}$.

9) *Zu S. 18*. In dem Originale und in dem Abdrucke steht »e (6), (2) §. pr.« statt »e(6), (1) §. pr.« und »$a_n^{(i)}$« statt »$a_k^{(i)}$.«

10) *Zu S. 20*. Dass die Werthe der Unbekannten unbestimmt oder unendlich ausfallen, wenn die Determinante verschwindet, hatte bereits *Cramer* erkannt a. a. O. S. 659).
Die Unterscheidung der möglichen Fälle hat *Kronecker* (Mittheilung an *R. Baltzer*, veröffentlicht in dessen Theorie und Anwendung der Determinanten, 2. Auflage, Leipzig 1864. S. 62) auf die successive Betrachtung der Unterdeterminanten n-ten, $(n-1)$-ten, $(n-2)$-ten u. s. w. Grades zurückgeführt.

Ist das System der Grössen $a_k^{(i)}$ so beschaffen, dass sämmtliche aus ihm zu bildende Determinanten $(n+1)$-ten, n-ten, $(n-1)$-ten bis $(r+1)$-ten Grades identisch verschwinden, während mindestens eine Determinante r-ten Grades nicht verschwindet, so lassen sich die $n+1$ Grössen $t_0, t_1, \ldots, t_n$ als lineare Functionen von $n+1-r$ willkürlichen Grössen $w_1, w_2, \ldots, w_{n+1-r}$ darstellen, und diese Darstellung erschöpft den Inhalt des Gleichungssystemes (1). Die Zahl r hat *Kronecker* später als den Rang des Grössensystemes $a_k^{(i)}$ bezeichnet (Näherungsweise ganzzahlige Auflösung linearer Gleichungen. Sitzungsberichte der Berliner Akademie. Jahrg. 1884. S. 1192).

11) *Zu S. 20*. *Laplace* a. a. O. S. 300. Dieselbe Darstellung findet sich jedoch bereits in *Vandermonde*'s Abhandlung aus dem Jahre 1771 (a. a. O. S. 524). Die historische

Gerechtigkeit würde daher erfordern, dass man diese Darstellung als *Vandermonde*'schen Determinantensatz bezeichnet.

12) *Zu S. 21.* In dem Originale und in dem Abdrucke lautet der Anfang dieses Absatzes:

»Discerpatur numerus n in plures alios numeros velnti in quatuor, ita ut sit

$$n = i + k + l + m;$$

distribuantur indices $0, 1, 2, \ldots, n$ in quatuor classes $i+1$, k, l, m indicibus constantes.«

Es folgt dann die Vertheilung in die vier Classen genau wie in dem vorliegenden Texte. Da diese Classen der Reihe nach aus $i+1$, $k-i$, $l-k$, $n-l$ Indices bestehen, musste der Text entsprechend geändert werden. Der Rest des §. 8 ist dann in Ordnung. Nur am Ende findet sich eine Angabe, die wieder voraussetzt, dass die Classen aus $i+1$, k, l, m Indices bestehen; vergl. die folgende Anmerkung.

In §. 2 der Abhandlung: **Ueber die alternirenden Functionen** (dieses Bändchen S. 55), wo es sich um die entsprechenden Anzahlen bei drei Classen handelt, sind sie richtig angegeben.

13) *Zu S. 22.* In dem Originale und in dem Abdrucke steht irrthümlich

$$\frac{1.2.3\ldots(n+1)}{1.2.3\ldots(i+1).1.2.3\ldots k.1.2.3\ldots l.1.2.3\ldots m}.$$

14) *Zu S. 24.* Auf lineare Gleichungen dieser Art war *Jacobi* bei Untersuchungen über das **Pfaff'sche Problem** geführt worden, man vergleiche seine Abhandlung: Ueber die *Pfaff*'sche Methode, eine gewöhnliche lineare Differentialgleichung zwischen $2n$ Variabeln durch ein System von n Gleichungen zu integriren (Journal für die reine und angewandte Mathematik. Bd. 2. 1827. S. 253. Ges. Werke. Bd. IV. S. 25). Er ist noch einmal auf diesen Gegenstand zurückgekommen in dem zweiten Theile der Abhandlung: Theoria novi multiplicatoris systemati aequationum differentialium vulgarium applicandi (Journal für die reine und angewandte Mathematik, Bd. 29. 1845. S. 236. Ges. Werke. Bd. IV. S. 240). Wesentlich ergänzt wurden die Ergebnisse *Jacobi*'s durch *Cayley* (Dieselbe Zeitschrift, Bd. 32. 1846. S. 119, Bd. 38. 1848. S. 93, Bd. 50. 1855. S. 299, wieder abgedruckt in den Collected Papers, Vol. I. S. 332 und 410, Vol. II. S. 202).

15) *Zu S. 27.* Die 1779 zu Paris erschienene Théorie générale des équations algébriques von *Bézout* enthält einen besonderen Abschnitt: Méthode pour trouver des fonctions d'un nombre quelconque de quantités, qui soient zéro par elles-mêmes (S. 181—187), in denen die Identitäten (2) bis (8) des §. 11 für $n+1 = 2, 3, 4$ entwickelt werden. *Bézout* macht von ihnen in der Theorie der Elimination mannigfache Anwendungen. —
In dem Originale heisst es: »Formulae praecedentes Cl? Bézout bene instruerunt.« Für das letzte Wort ist in dem Abdrucke: »innotuerunt« gesetzt worden.

16) *Zu S. 28.* Im Originale und im Abdrucke steht
$$A = \Sigma \pm AA'_1 \cdots A_{n-1}^{(n-1)},$$
was keinen Sinn hat, während nach §. 6
zu setzen ist.
$$A = \Sigma \pm a'_1 a'_2 \cdots a_n^{(n)}$$

17) *Zu S. 29.* In dem Originale fehlt der Factor R. Dieser Druckfehler ist bereits in dem Abdrucke verbessert worden.

18) *Zu S. 30.* Die Formel (13) ist für $n+1 = 3$ bereits 1775 von *Lagrange* angegeben worden in den Abhandlungen: Nouvelle solution du problème du mouvement de rotation d'un corps de figure quelconque qui n'est animé par aucune force accélératrice und: Solutions analytiques de quelques problèmes sur les pyramides triangulaires (Nouveaux Mémoires de l'Académie royale des Sciences et Belles lettres de Berlin. Année 1773. Berlin 1775. S. 86 und S. 153, Oeuvres complètes, T. III. S. 577 und S. 659). Sie findet sich auch bei *Gauss* in den Disquisitiones arithmeticae (1801) Nr. 267. Die allgemeine Formel (13) hat *Cauchy* a. a. O. S. 82 hergeleitet.
Die Formeln (12) hatte *Jacobi* bereits 1834 entwickelt (De binis quibuslibet functionibus homogeneis secundi ordinis per substitutiones lineares in alias binas transformandi, quae solis quadratis variabilium constant. Journal für die reine und angewandte Mathematik, Bd. 12. S. 9. Werke Bd. III. S. 201).

19) *Zu S. 32.* In dem Originale wie in dem Abdrucke steht ad dextram formulae praecedentis statt ad laevam formulae praecedentis.

20) *Zu S. 34. Jacobi* hat sein Versprechen eingelöst in der Abhandlung: Theoria novi multiplicatoris systemati aequationum differentialium vulgarium applicandi (Journal für die

reine und angewandte Mathematik, Bd. 27. 1844. S. 232. Ges. Werke, Bd. IV. S. 354).

21) *Zu S. 37.* In dem Originale und in dem Abdrucke steht a statt a.

22) *Zu S. 40.* Eben daselbst steht k statt m.

23) *Zu S. 41.* Das Quadrat einer Determinante vom zweiten und dritten Grade hatten bereits *Lagrange* (1775) und *Gauss* (1801) als eine Determinante desselben Grades dargestellt; vergl. Anmerkung 18. Die fundamentale Entdeckung, dass das Product von zwei Determinanten r-ten Grades wieder als eine Determinante r-ten Grades dargestellt werden kann, ist gleichzeitig von *Cauchy* (a. a. O. S. 81 und 111) und von *Binet* gemacht worden Sur un Système de Formules analytiques, et leur application à des considérations géometriques. Lu à l'Institut le 30 Novembre 1812, Journal de l'École polytechnique. Cahier 16. Paris 1813. S. 280—354). Es ist auffallend, dass *Jacobi* die Abhandlung von *Binet* nicht erwähnt. Bekannt war sie ihm, denn in seiner Arbeit: De singulari quadam duplicis integralis transformatione vom Jahre 1827 hat er sie ausdrücklich angeführt (Ges. Werke, Bd. III. S. 62).

Jacobi's Beweis für das Multiplicationstheorem hat den wesentlichen Mangel, dass er eine blosse Verification ist. Es möge deshalb darauf hingewiesen werden, wie naturgemäss sich die Entwickelung der Determinantentheorie gestaltet, wenn man die Principien der *Grassmann*'schen Ausdehnungslehre zu Grunde legt; man vergl. etwa *Schlegel*, System der Raumlehre. Theil II: Die Elemente der modernen Geometrie und Algebra. Leipzig 1875. S. 121 ff.

24) *Zu S. 41.* In dem Originale und in dem Abdrucke steht $\gamma_k^{(i)}$ statt $\gamma^{(i)}$.

25) *Zu S. 50.* *Vandermonde* (Mémoire sur la résolution des équations. Lu Novembre 1770. Mémoires de l'Académie des Sciences. Année 1771. Paris 1774. S. 369 hat nur den besonderen Fall des Satzes, der für $n + 1 = 3$ herauskommt. Die allgemeine Gleichung gab *Cauchy* a. a. O. S. 48.

26) *Zu S. 52.* Diese Bemerkung *Jacobi*'s richtet sich gegen *Cauchy*, der die Determinante aus dem Differenzenproducte herleitet, indem er an die Stelle der Exponenten Indices treten lässt (a. a. O. S. 52 sowie Note 4 der Analyse algébrique. Paris 1821).

Anmerkungen. 73

27) *Zu S. 54.* In dem Abdrucke steht $a_0^2 a_3^2 + a_0^2 a_2^2$ statt $a_0^2 a_3^2 + a_1^2 a_2^2$.

28) *Zu S. 54.* In dem Originale wie in dem Abdrucke steht
$$\pm a_0^0 a_1^1 a_2^2 \ldots a_{n-1}^{n-1}$$
statt
$$\pm a_0^0 a_1^1 a_2^2 \ldots a_{n-1}^{n-1} a_n^n.$$

29) *Zu S. 56. Cauchy* nennt a. a. O. S. 30 eine Function $f(a_0, a_1, \ldots, a_n)$, die bei allen Permutationen der Elemente $a_0, a_1, \ldots, a_n$ unverändert bleibt, fonction symétrique permanente, eine Function $f(a_0, a_1, \ldots, a_n)$, die bei den Permutationen entweder unverändert bleibt oder nur das Vorzeichen ändert, fonction symétrique alternée.

30) *Zu S. 57. Cauchy* a. a. O. S. 46 und Analyse algébrique (Paris 1821) Chap. III. §. 2.

31) *Zu S. 57.* In dem Originale und in dem Abdrucke steht $a_0^{\alpha_0} a_1^{\alpha_1} \ldots a_n^{\alpha_n}$ statt $a_0^{\alpha_0} a_1^{\alpha_0} \ldots a_n^{\alpha_0}$ und kurz darauf $\Sigma t_1 t_2^2 \ldots t_m^m$, während es $\Sigma t_0^0 t_1^1 t_2^2 \ldots t_m^m$ heissen muss.

32) *Zu S. 61.* Die Gleichung (10) ist ein besonderer Fall einer Formel von *Baltzer*, vergl. *R. Baltzer*, Theorie und Anwendung der Determinanten. 5. Auflage. Leipzig 1881. S. 103.

33) *Zu S. 61.* In dem Originale wie in dem Abdrucke steht nur »Expressio ad dextram«, dahinter muss etwa »multiplicata per P« ausgefallen sein.

34) *Zu S. 64.* In dem Originale und in dem Abdrucke steht wiederholt a_1 statt $a_0^0 a_1^1$.

35) *Zu S. 65.* Die in §§. 3 und 4 entwickelten Sätze finden sich auch in einer Abhandlung, die aus *Jacobi*'s Nachlass in den Gesammelten Werken veröffentlicht worden ist. (Additamenta ad Commentationem quae inscripta est: Disquisitiones analyticae de fractionibus simplicibus. Ges. Werke, Bd. III. S. 553—582).

Königsberg i./Pr., im Februar 1896. P. Stäckel.